中国科学家爸爸思维训练丛书

给孩子的建筑思维课

向 箦
樊 敏 ◎著

U0391612

中国妇女出版社

图书在版编目（CIP）数据

给孩子的建筑思维课 / 向篪，樊敏著. —— 北京：
中国妇女出版社，2025. 1. ——（中国科学家爸爸思维训
练丛书）. —— ISBN 978-7-5127-2448-8

Ⅰ. TU-49

中国国家版本馆CIP数据核字第2024N0T977号

责任编辑：肖玲玲
封面设计：尚世视觉
责任印制：李志国

出版发行：中国妇女出版社
地　　址：北京市东城区史家胡同甲24号　　邮政编码：100010
电　　话：(010) 65133160（发行部）　　65133161（邮购）
网　　址：www.womenbooks.cn
邮　　箱：zgfncbs@womenbooks.cn
法律顾问：北京市道可特律师事务所
经　　销：各地新华书店
印　　刷：北京中科印刷有限公司

开　　本：165mm×235mm　1/16
印　　张：11.75
字　　数：200千字
版　　次：2025年1月第1版　　2025年1月第1次印刷
定　　价：69.80元

如有印装错误，请与发行部联系

目录

第四章　建筑设计——创造与求解之旅

第一章

像空气一样
融入日常生活的
建筑

"建筑"这个词，我们在生活中经常会提到。你曾仔细地想过它是什么吗？相比起"房子""屋子"，为什么"建筑"听起来似乎带有一些专业的意味，又有一些距离感呢？就让我们来聊聊吧。

"衣食住行"的"住"

　　至少在宋代，汉语中就开始使用"建筑"这个词了。它在古代主要作为动词来用，是"建造""筑造""营建"的意思。到了今天，我们说的"建筑"就不仅是动词，而且作为名词来用，指人类进行各种活动的房屋或场所。从大的范围来说，房屋、道路、桥梁、碑塔、广场、园林等建造物都算建筑。不过，日常所说的建筑多数情况下指我们接触最多、使用最频繁的房屋建筑。

　　所以，建筑既是人们进行建造活动的过程，也指这一活动形成的结果。而建造可以说是人类活动中最为基本的一项。原始人过着茹毛饮血的生活，为了躲避风雨、防御野兽，利用天然的山洞作为居所。所谓"上古穴居而野处"，假如你去北京的周口店遗址参观，就能看到这句话所描绘的几十万年前的场景。后来，人类学会使用工具，主动筑造起栖身之所。他们在地面挖出一个浅坑，把木料加工成柱子，再堆一些石

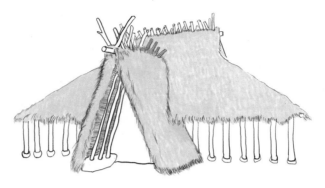

▲ 图 1-1　原始人的茅屋

头用来固定柱子，又用木架和草泥做出屋顶和墙。这样就造出一个能够容纳人们活动的居住空间（图 1-1）。

自然界中，除了人类，其他动物也有寻求栖息、庇护的生存需要。不少动物和人类一样，主动建造容身之所，甚至具有十分厉害的建造技能。比如，鸟类筑造鸟巢，河狸用牙齿伐木建起水坝（图 1-2），蚂蚁搭建蚁丘，黑猩猩在树上筑巢做窝，蜜蜂更是创造了极具智慧的六边形结构蜂巢。它们都是天生的建筑师。

看来，不论人类还是其他动物，其活动都极度依赖一个栖身的空间、一个巢穴、一个建筑。能否建造出这样一个空间，是关乎生存的大事。当然，相比其他动物，人类的建造技术更为高超，随着人类社会几千年的发展，如今已经十分完善、复杂、高级。但不管建筑发展到什么时候，它都为人的活动而创造，和人的生活息息相关，这是建筑师不应遗忘的初心。

汉语里有一个词，"衣食住行"，以 4 个字概括了人类生活的基本需要。"住"紧跟在"衣"和"食"之后，就足以说明建筑对于人是多么重要了。

▲ 图 1-2　河狸用天然材料筑成的坝

你可以想象一下，你所生活的地方，人造建筑全部消失，回到一片原始的自然环境中，生活会变成什么样。发现了吗？这根本是无法想象的，所有的生活细节都是在建筑之中或者建筑之外进行的。

建筑，已经像空气一样融入了我们的生活。

演变了几千年的建筑

为什么建筑像空气一样日常，但我们谈起它时又觉得有一些距离呢？别着急，我们先来看看，自原始人的茅草屋以后，建筑都有什么变化。

前面我们说过，人类最早盖起房子，是为了满足基本需求。在我们现代人看来，那时候的房子太简陋了，也就起到遮风挡雨和躲避猛兽的作用。但是，在漫长的历史岁月中，人类社会的发展带来了建筑技术的进步。建造所用的材料越来越丰富、性能越来越强大，人们不断创造出更新、更合理的建筑结构，建造的工具和工艺也变得精细。建筑技术的每一次提升，都意味着人类的生活向前迈进了一大步：更安全、更舒适，以及更多需求能够得到满足。就这样，在逐渐变化之中，我们今天所使用的建筑形成了。

建筑材料、结构在不断发展变化

一开始，人类搭建房屋时只能使用树枝、泥土、芦苇等自然界现成的材料。后来，人们学会了制作工具和使用工具。经过石器时代和青铜时代，人们先拥有了石头制成的工具，后来又升级为青铜工具，劳动技能大大提高。人们使用这些工具加工石块，还将泥土重复地敲砸、夯实，做出更为结实的夯土，取代了木头和生土。学会烧制砖头之后，人们用砖头砌墙，房子的坚固性和防水性进一步提高，砖头逐渐成为主要的建筑材料之一。

建筑的结构又有什么变化呢？由于工具和材料都升了级、换了代，最早的穴屋、棚屋也慢慢变为梁、柱、墙搭建成的屋子。在这种结构的支承下，内部空间明显大多了。历史上，建筑结构很重要的一次进步要数古罗马人对拱券结构的发展，这对建筑技术而言是一次巨大的贡献。

什么是拱券结构呢？最初，两组砖或是石块，随着高度的增加，一层一层地相互靠近，一直到了最高一层，两块便合为一块。这种结构继续发展，材料排列方式变为弧形，就是拱券了（图1-3）。

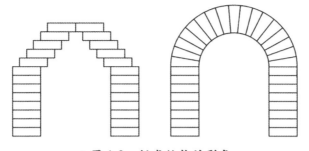

▲ 图 1-3　拱券结构的形成

　　拱券利用了每层材料的侧压力来承重，除了半圆形，还发展出尖形、马蹄形、钟乳形等形式。而古罗马人的厉害之处在于，他们以拱券为基础，又发展出十字拱、肋架拱等结构（图 1-4）。

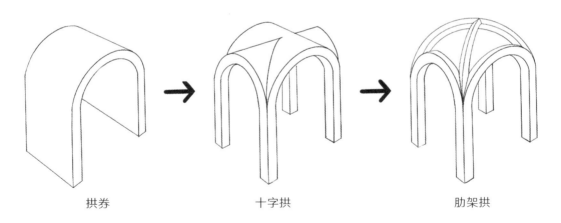

拱券　　　　　　　　　十字拱　　　　　　　　　肋架拱

▲ 图 1-4　拱券结构的发展演变

十字拱只需要四角有支柱撑起来就行。几个十字拱连起来，它们之间的侧推力相互抵消，只用在两端设一道墙，并且能在侧面开窗。肋架拱与十字拱类似，它的结构更为轻巧。有了这种结构，承重墙就不再是必须有的，建筑的内部空间更加自由、更加开敞。

到了中世纪，这些拱券结构进一步融合、发展，演变为十分复杂的结构体系，能够让建筑顶部的重量经过层层传导，落在地上。这也使得建筑的高度增加。那些高耸入云的哥特式教堂（图1-5）正是用了这种结构才建造出来的。新结构的出现，使各种空间的组合、建筑形式的创新也变成可能。

看到这里你也许要问，为什么不同地方的那些古老建筑，看上去千差万别，而现在的建筑却到处都差不多呢？我们继续来看。

所谓"到处都差不多"的建筑，是进入现代以后才有的现象，这与现代建筑技术、材料、结构的变化有很大的关系。

先来看看材料的变化。工业革命以后，人们开始探索新的建筑材料。冶金工业、铁路的发展，增加了钢铁的生产和使用。水泥出现后，人们将它和砂、石等材料与水按一定比例混合，形成一种新的人工材料——混凝土。混凝土的成本低，制作简单，受压力的性能又特别优秀。后来，人们又在混凝土里加入钢筋、钢板等材料，解决了混凝土抗拉强度较弱的缺点，这就是钢筋混凝土。此外，随着玻璃工业的发展，人们已经能够生产大面积的平板玻璃。钢铁、混凝土、玻璃，这三种材料取代了传统的木头、石料、砖瓦，引发了建筑革命性的改变。不过一开始，新材料只用在厂房、仓库等工业用途的建筑上。到了1851年，伦敦的世界博览会出现一座用钢材和玻璃搭建的展馆。如果放在今天，这座建筑平平无奇，但当时的人们平日里看惯了厚重石墙的房子，突然看到如此宽敞透明的建筑，别提多吃惊了。这座展馆被称为"水晶宫"，它是钢结构在建筑上的一次大胆尝试。

接着来看结构的变化。建筑技术经过历史上长时间的发展，逐渐形成了建筑力学的科学理论。在大量修建铁路、工业建筑的过程中，很多工程技术问题得以解决，建筑技术在工业化背景下向前迈出了一大步。钢筋混凝土的发明使得新的结构出现——用柱子支撑，跨度（也就是柱子之间的距离）能够达到好几米甚至十几米，建筑空间得到了解放，获得了更大的自由。

"水晶宫"出现20年后的1871年，美国的一座城市芝加哥发生了大火，那里的大部分建筑被烧毁。寸土寸金的市中心的重建，催生了用钢结构和钢筋混凝土结构建造的高层建筑。就这样，我们今天常见的摩天大楼诞生了。在钢筋混

▲ 图 1-5　世界上最大的哥特式教堂之一米兰大教堂，位于意大利米兰。大图为整体外观，小图为局部结构

凝土结构的基础上，人们发展出"幕墙"，取代了传统的承重墙。幕墙可以用各种材料制作，它很轻，也不用承受重量，就像幕布一样挂在结构体之外。我们今天看到的建筑的"表皮"，很多都是幕墙或者按照幕墙的思路来建造的。

经过材料、结构的变革，现代建筑的形式、外观、空间都发生了很大的变化。它的材料采用成本低廉的工业建材；它的施工满足现代社会批量化高效生产的原则；它的空间十分自由，能满足多种多样的用途，符合现代人看重建筑功能的想法；它的形式简洁，因为现代的审美反对多余的复杂装饰。由于它在各方面都适应现代社会的需求，很快就传播到世界各地。

建筑类型越来越丰富

人类在学会制造工具后，开始驯化一些动植物。在几个富庶的河谷地带，农业文明最先发展起来。人们开始耕种农作物并定居下来。随着定居点和人口数量的增多，出现了城市，人类社会越来越复杂，人们对生活的需求也日益多样化。于是，人类社会形成新的分工，走向了城市文明，随之也产生了丰富的建筑类型。

古希腊的城邦，常常举行竞技比赛，人们为此修建了竞技场。羊皮纸出现后，人们建造了图书馆。古希腊人喜爱诗歌，经常观看戏剧演出，古希腊因此拥有了大大小小的露天剧场。他们还喜欢聚在一起辩论、演讲，应运而生的城市广场为政治和社交活动提供了舞台。

到了古罗马时期，由于古罗马人的世俗生活十分发达，公共建筑更加多样，出现了满足洗浴需求的大型公共浴场、为观看野蛮角斗而建造的角斗场等新的类型。

在古代中国，人们为了抵御北方游牧民族的侵扰，在边境修筑了包括敌楼、烽火台、城堡等防御工事在内的高大城墙，也就是著名的万里长城。长城的修建持续两千多年，绵延两万多公里，是世界上最大的军事工程。

除了这些功能很实在的建筑，还有一类建筑是为人们的信仰而服务的。比如，中国的寺、庙、祠、观，希腊、罗马的神庙，印度的石窟和佛塔，土耳其的清真寺，法国的教堂，等等。它们虽然实用性不强，但人们投入其中的智慧和创造力却一点不少，甚至代表了建筑文化的最高水平，在技术和艺术上有极大的成就。

建筑类型涉及人类生活的方方面面。当社会分工更加细化、更加复杂，有新的技术、产业出现，人们的生活有新的需求，就会诞生新的建筑类型。人类历史走到今天，各种类型的建筑层出不穷。

比如，对你来说比较熟悉的可能有：

商业建筑（如商场、店铺）；

医疗建筑（如医院、疗养中心）；

工业建筑；

教育科研建筑（如幼儿园、科学实验机构）；

交通建筑（如地铁建筑、飞机场、停车库）；

文化建筑（如档案馆、图书馆）；

观演建筑（如电影院、音乐厅）；

博览建筑（如博物馆、会展中心）；

体育建筑（如体育馆、滑雪中心）；

办公建筑；

金融建筑（如银行）。

还有一些建筑，你平时接触的机会可能比较少，例如：

司法建筑（如法院、检察院、监狱）；

福利建筑（如养老院、福利院）；

殡葬建筑（如殡仪馆、公墓）；

市政建筑（如消防站、垃圾转运站）；

电信建筑（如有线通信建筑）；

广播电视建筑（如广播电视塔、调频发射台）。

除了上面这些，你还能想到哪些建筑？

这些不同类型的建筑具备形形色色的功能。它将触角伸到了我们生活的每一个角落，组成了城市中千千万万的楼房大厦。我们在这里很难把所有的建筑类型列举出来。建筑的类型伴随着人类社会的发展而变化。历史上曾经出现的建筑因为不再有用武之地而消失，或者在今天改变了用途。而今天仍然有新的建筑类型出现，例如，近年来随着高铁和物流行业发展而出现的高铁站、物流建筑等。这归根到底还是因为，建筑是为人服务的。

经济和社会对建筑的影响

在我们读过的童话里，不管写的是哪个国家的故事，都常常有这样的描述——"一座金碧辉煌的宫殿"。宫殿之所以富丽堂皇，让我们赞叹，是因为它在当时是最高等级的建筑，花费了巨大的人力、物力、财力。没错，任何建筑都不可能凭空建造出来，得遵循"花多少钱，办多大事"这个朴素的道理。

　　历史上留下来的最宏伟、最华丽的建筑几乎都是高等级建筑：或是王公贵族的宫殿（如法国凡尔赛宫）、陵墓（如埃及金字塔），或是守护神圣信仰的神殿、庙宇（如希腊帕提农神庙），又或是具有强烈象征意义的大型工程（如罗马斗兽场、中国长城）。它们是人类智慧和创造力的伟大成就，展示了极高的技术和艺术水平，背后也体现着王权、神权和国家意志——通过权力，人力和财富能够汇聚在一座建筑之中。

　　在经济条件的影响下，服务于不同社会阶层的建筑，自然有着华丽和简陋的分别。在古罗马，所有公民按财富分成6个等级。平民一般住在狭小的阁楼或单间里。经济情况好一些的住在小型寓所里。而贵族的住宅有柱廊围绕的庭院、花园，还装饰着大理石雕塑。

　　在古代的中国，建筑的等级不仅与经济条件有关，还体现了礼制观念和稳固的社会秩序。从权贵到庶民，不同阶层所居住的住宅，从建筑的整体规模，到门、厅的大小，再到使用什么装饰、什么颜色，都有严格的规定。比如，红墙是皇家建筑专有的，黄色琉璃瓦和斗栱❶只能用于宫殿和其他高

---

❶ 斗栱是中国古代建筑上的一组木构件，有力学和美学上的双重作用。

等级建筑。即便都处在上层阶级，等级的区分也很明确，《春秋·谷梁传》中的"楹，天子丹，诸侯黝，大夫苍，士黈"❶就记载了这种规则。我们从宋代《营造法式》❷这本书能看出，官方背景的高级建筑又分为殿阁（最隆重、最高等级的建筑），厅堂（重要的建筑），余屋（次要的建筑）3个等级。它们的材料、结构和形式都有明显的差别。如果你参观过北京故宫，一定会发现，地位最高的太和殿，它的外观尺度、内部空间、台基是最大的，屋顶上站着的小兽、彩画上用的金色和龙纹是最多的。

今天的建筑虽然不再像古代那样受到社会等级制度的巨大影响，但是对低收入的人来说，居住条件仍然很糟糕。许多具有社会责任感的建筑师，通过建筑设计来帮助贫困人群改善生活品质。印度建筑师巴克里希纳·多西（Balkrishna Doshi）、智利建筑师亚历杭德罗·阿拉维纳（Alejandro Aravena）、布基纳法索建筑师迪埃贝多·弗朗西斯·凯雷（Diébédo Francis Kéré）、中国建筑师朱竞翔，就是其中杰出的代表。他们为穷人设计公共建筑和低成本住房，让人们在里面开开心心地过日子，非常了不起。

---

❶ 意思是，天子的柱子用红色，诸侯用黑色，大夫阶层用青色，士阶层用黄色。
❷ 《营造法式》是中国北宋时期政府颁布的一本关于建筑设计和施工的规范书。

地理文化对建筑的影响

世界不同地方的人，说着各种各样的语言，穿着各式各样的服装，吃着各色各样的食物，也信奉着不同的价值观念。风土、习俗、信仰，等等，共同构成了当地特有的文化。同样，各地的建筑也大不相同，在各自的文化土壤中生根发芽，长成参天大树，最终汇集成多姿多彩的世界建筑之林。

在文化的土壤里，有哪些因素影响了建筑之"树"的生长呢？

我们首先会想到地理因素。人们建造房屋，就要有材料。材料从哪里来呢？当然主要是就地取材。获得什么样的材料，取决于当地的地理位置和自然环境。比如，居住在尼罗河两岸的古埃及人，用芦苇、棕榈木、黏土来建造房屋。水平的屋顶上面可以纳凉，下面支撑着棕榈树干。而建造神庙和陵墓，就使用更为坚硬的石料。

古代中国的森林资源丰富，木头和土是主要的建筑材料。单体建筑大多是木结构，其中各个构件所对应的汉字里都有一个"木"字，比如梁、柱、檐、枋、椽。而以土为主要材料建造的墙、壁、塔、堡、堤、坝，则带有一个"土"字。

直到今天，我们还把建造相关的专业统称为"土木工程"。

再来看看古代西亚人，他们恐怕就没有那么幸运了。两河流域只有平原地带的冲积黏土可以利用。除了搭建芦苇棚，他们还将黏土混合草秆晒成砖。如果要建造重要的公共建筑，则需要从其他地方进口贵重材料——石材和木材。不过到了后来，砖的大量使用激发了人们非凡的创造力，他们逐步创造出复杂精妙的砖结构（图1-6），并且利用砖表现出异乎寻常的装饰水平。

你也许会问，地球上两个不同地方的人，同样使用木材或者石材，为什么建造出的房屋却大相径庭呢？我们继续来看。

不仅建筑的材料需要适应当地的气候条件，建筑的形式也是如此，这样人们的生活才能舒适。在炎热多雨的地方，建筑开敞通风，窗户上带有遮阳设施。在寒冷多风的地方，建筑封闭保暖，人们想尽办法获得更多的日照。大家熟悉的中国各地民居就是很好的例子。福建的土楼、陕西的窑洞、内蒙古的蒙古包、西藏的碉房、广东的镬耳屋、云南的竹楼……你还知道哪些地方的民居？你能分析一下它们是怎样适应当地的地理和气候条件的吗？

除了自然因素的影响，人们的情感、意志、价值观也充

分投入在建筑之中。尼罗河流域生长着一种叫作纸莎草的植物。它全身的各个部分都有利用价值，在埃及人的生活中有广泛的用途。埃及人对它情有独钟，称之为"尼罗河的礼物"，并将它刻在了神庙的柱子上面。后来的建筑史家把这样的柱子叫作"纸莎草柱"。

古代西亚人认为神灵都在山上活动。因此，他们为神灵建造的神庙，底部是一座巨大高台，上小下大，就像一座真正的山。

古罗马的公共建筑有着巨大的体量、大尺度的内部空间和厚重的墙体。万神庙的墙厚超过 6 米，大角斗场能容纳超过 5 万名观众，戴克里提乌姆浴场长 240 米、宽 148 米……这些无不体现着罗马帝国的威严统治和野心勃勃的征服欲。

欧洲哥特式教堂的尖塔高耸入云，内部空间上升的趋势急剧，这种向上的引导使人超越现实，烘托出浓厚的宗教氛围。

我们再来看看中国古建筑中蕴含的智慧和美感。

比起厚重的古罗马建筑，中国的建筑十分精巧（图 1-7）。它的屋顶是一条内凹的曲线，檐口又向上翘起，二者结合，形成一个上挑的尖角，就像飞鸟展翅一样。在《诗经》里，

◀ **图 1-6 伊朗卡尚的巴扎建筑室内空间，传承了伊朗传统建筑的砖结构工艺**

人们将这种优雅的建筑形象描述为"如鸟斯革""如翚斯飞"。除了美，这样做更是为了实用——屋顶内凹的曲线，使雨水像坐着滑梯一样快速流下并向外抛洒，上翘的檐口能够避免遮住阳光，使屋内获得更多采光。

在结构上，中国建筑采用的木构架类似于今天的框架结构——用柱子支撑，墙只起围护作用。"墙倒屋不塌"，就是这个原因。想想看，那些没有墙的建筑，比如亭子、廊子，是不是更加轻盈呢？

比起高挺冷峻的哥特式教堂，中国的建筑十分舒展。它

▲ 图1-7　唐代建筑南禅寺大殿，是中国现存最古老的建筑之一，位于山西忻州

不追求垂直高度，而是在平面上扩展。几个建筑围成一个四方的院子，沿着纵向和横向继续拼接院子，可以形成不同大小的院落组群。门、殿、廊、楼、亭、阁，不同类型的单体建筑错落有致地安排在院落组群里，形成丰富的空间层次。不管是老百姓的住所，还是皇帝的宫殿，又或者是贵族的府邸、供奉着神灵的寺庙，都是这样。小的只有一重、两重，大的有五重、七重，而最大的就是北京故宫（图1-8）。"庭院深深深几许"，你知道故宫有多少重院子吗？

古代中国人为何以院落的形式来组织建筑呢？一方面是由于宗法礼制思想的影响。一座院落中，各个建筑的地位因为位置和朝向的不同而有主次之分。院落的层次，是空间的层次，也是尊卑有别的秩序。另一方面，中国人一向重视、热爱自然。在院落式的组织下，建筑不是以个体的姿态孤身矗立在环境中，而是与环境互相穿插、互相渗透，平等地交织在一起。人与自然，建筑与环境，都获得了和谐的关系。

西方的重要建筑多用石头建造，最终写成一部"石头的史书"。相比之下，古代中国的建筑多用木头建造。木构建筑的建成速度远超过石构建筑，却不容易长久地保存。其实，古代中国人并非不懂得用砖石建造的技术，但木构建筑仍然是主流。这是因为，比起西方建筑的纪念性、神圣性，中国人持有一种自然而然的心态，不追求永恒不变，而是将建筑看作和其他生命一样，都有新陈代谢的周期。经过一定时间，中国人就会对建筑进行维修，更换损坏的构件，延续它的"寿命"。

现在你了解了吗，文化上的种种差异会深刻地影响到建筑。这种差异在建筑遗产保护领域也曾引发讨论。早先形成的建筑遗产保护观念产生于西方，大家认为，只有原原本本的材料、工艺、构件才是真实和有价值的历史遗产。这种理解没有考虑到中国以及东亚地区木构建筑的历史和文化特点。

▼ 图 1-8　北京故宫的重重院落

比如，一座创建于唐代的建筑，在一千多年里经过好几次维修之后，多一半构件都是后来更换的，难道说只有唐代那几块木头才有价值吗？当然不是。国际上经过交流后达成共识，认为应该充分地尊重各个地方的建筑文化，对原有的标准进行了改写。

好了，让我们回到本书一开头提出的那个问题。对于"建筑"和"房子"有什么不同，现在你心里已经有答案了，对吗？

没错，我们之所以觉得"建筑"不是那样平常和简单，

是因为它不像"房子"那样只是一个建造出来的实体，而是涵盖了与这个实体有关的一切内容，既有具象的材料、成本、技术、建造原理，也有抽象的文化 、历史、社会学、美学、哲学等，并且贯穿了设计、建造、使用、维护的整个过程。也就是说，因为建筑和人的生活息息相关，所以人类社会包罗万象的种种细节都可能反映在建筑中。

建筑是多么复杂又有趣啊！

第二章

建筑
——凝固的音乐

现在，你对建筑有一些大致的印象了。我们该如何看待它，如何形容它呢？

前面说过，建筑是人们生活离不开的"空气"。如果从建筑自身来看，它更像一个容器，装下了整个人类社会；也像一架万花筒，其中反射着文化、技术、思维、意识在某个时间留下的痕迹；以及关于建筑的描述中最为经典的一个比喻——"建筑是凝固的音乐"，我们在后文还会提到它。

虽然建筑伸出无数只手去连接万事万物，但仍然有自己粗壮的躯干，有自己独特的体系，有自己的理论，有自己的学科，也有自己的精神和逻辑。拨开枝叶，我们来看看这棵大树的主干什么样，看看建筑所特有的禀赋吧。

建筑的本质是空间

　　建筑是人们使用材料建成的，它是物质的，也是实体的。但人们建造的目的却在于伴随实体而产生的空间。建筑的本质是空间，建筑艺术的奥秘也在于空间。

　　那什么是空间呢？顾名思义，"空"指不包含东西或者内容，像空气一样看不见也摸不到。然而，没有虚空，实体就没有容身之所。宇宙空间容纳着万事万物。经典物理学告诉我们，空间是物质实体之外的部分。按照这个解释，我们可以说，建筑空间就是建筑实体之外的部分。

　　实体与空间是一对相反的组合。实体的"实"正对着空间的"虚"。让我们用格式塔心理学❶中一幅著名的画（图2-1）来说明它们之间的关系。

---

❶　20世纪初德国出现的一个心理学派。

▲ 图 2-1　是面孔还是杯子

　　这幅画中，当我们忽略两边的黑色，把目光集中在中间的白色部分，能看到一个漂亮的杯子。相反地，当我们不去注意白色部分，就会看到左右对称的两个侧脸。黑色侧脸界定出了白色杯子，反之亦然。假使我们对侧脸的轮廓作出局部修改，那么杯子的形状也必然有相应的变化。二者是共生的关系。

　　同样的道理，在建筑实体出现时，空间随之改变。举一个简单的例子，当你撑起一把伞的瞬间，周围的空间就改变了。

　　关于空间的智慧，老子早在两千多年前就留下了深刻的哲言："埏埴以为器，当其无，有器之用。凿户牖以为室，当其无，有室之用。故有之以为利，无之以为用。"❶ 这段话的意思是，用水和土揉制成陶器，正因为里面是空的，我们才能使用它。开凿门窗，建成房屋，正因为里面是空的，我们才能居住。因此，"有"带来的便利实际上是因为"无"在发挥着作用。美国建筑师弗兰克·劳埃德·赖特（Frank Lloyd Wright）曾经说，建筑师只要理解了老子的这几句话，便能明白建筑的真谛了。

建筑师在着手设计时，看起来是在不断创造和增加实体，但其实无时无刻不在考虑实体之外的空间。这就有点像我们刚才在看那幅画时，既要看到白，也不能丢掉黑。

具体来说，空间有哪些特质呢？

我们首先会想到，空间具有一定的尺度。在不同尺度的空间里，人的感受迥然不同。广袤的草原让人感到悠远、辽阔，城市的广场让人感到开阔、愉悦，体育场馆让人感到振奋、有活力，街边的咖啡馆、便利店让人感到亲切、放松，家里的卧室让人感到安全、自在，而狭小的空间可能会让人感到拥挤、憋闷，甚至压抑和恐慌。

空间不同方向的尺度所构成的比例，也影响着人的感受。如果空间在某个方向的尺度明显大于其他，就会在这一方向

❶ 引自《道德经》。

具有强烈的导向感。比如隧道在纵深方向特别长，有种向远处延伸的感觉，引人前行。一些宗教建筑的空间具有显著的高度，因而带有向上引导的动势。街道空间给人的感觉取决于街道宽度与沿街建筑高度的比例。根据日本建筑师芦原义信的研究，宽度和高度接近，即比例为1，是比较理想的；比例大于1，有远离感；比例大于2，有宽阔感；比例小于0.5，则有压迫感。出门时，你可以留意一下身边的环境，看看他的说法是不是有道理。

再来看看空间的形式。建筑实体的形状赋予了空间相应的形式。我们日常见到的大部分建筑是规则的几何形——平面形式为圆形（图2-2）、矩形、三角形（图2-3）等，墙面也多是竖直的。

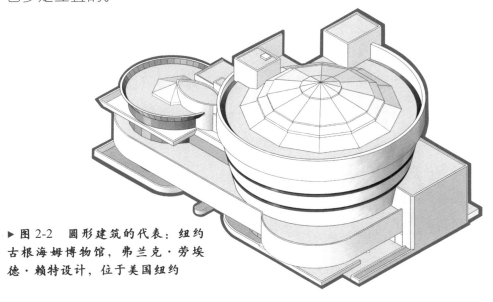

▶ 图2-2　圆形建筑的代表：纽约古根海姆博物馆，弗兰克·劳埃德·赖特设计，位于美国纽约

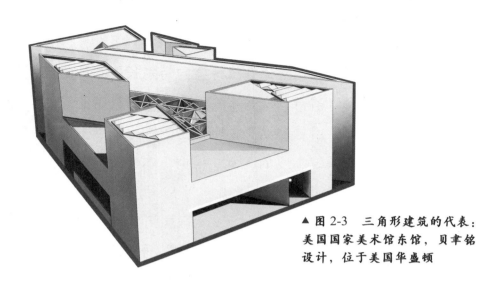

▲ 图 2-3 三角形建筑的代表：
美国国家美术馆东馆，贝聿铭
设计，位于美国华盛顿

历史上的建筑形式和布局追求均衡、稳定及秩序感，因此常常有对称的外观、向心式的布局。但总有建筑师不满足于这些规则的形式，他们冲破垂直的墙面，使用大量的自由曲面，以高超的想象力创造出震撼人心的形式和空间。其中的代表人物有：以大自然为灵感源泉的西班牙建筑师安东尼奥·高迪（Antonio Gaudi）（图 2-4），追求曲线美的巴西建筑师奥斯卡·尼迈耶（Oscar Niemeyer）（图 2-5），以及喜欢打破秩序、视建筑为雕塑的美国建筑师弗兰克·盖里（Frank Gehry）（图 2-6）。他们的作品都有一种超越寻常的、犹如梦境的魅力。

以上我们提到了空间的尺度、比例和形式这些可以用数字表达和衡量的因素，而空间的迷人之处更在于那些难以量化的因素。为什么这样说呢？我们先来看看这几组词语：

封闭　私密　幽暗　静谧

开敞　公共　明亮　热闹

　　上面 8 个形容词都与空间的特质有关，它们在纵向上互为反义词——第一组"封闭-开敞"描述空间，第二组"私密-公共"描述人的活动，第三组"幽暗-明亮"描述光线，

▲ 图 2-4　安东尼奥·高迪设计的米拉公寓，具有波浪形的动感外观，位于西班牙巴塞罗那

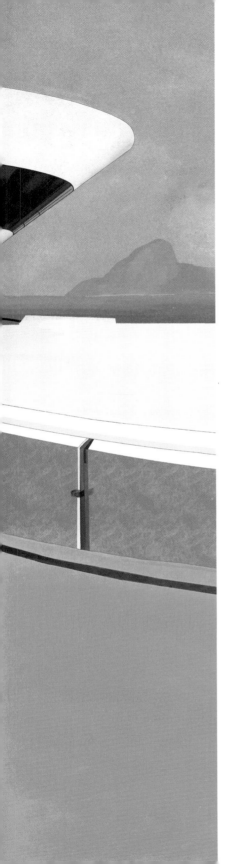

第四组"静谧-热闹"描述声音。

你发现了吗？它们在横向上有着相通的感觉，彼此之间具有良好的协调性。通常来说，私密性的活动需要封闭、幽暗、静谧的空间环境，公共性的活动则相反。假如我们用下面一排词语造句，或许可以说："这里是一处明亮、开敞的公共大厅，总是热闹非凡。"

不过，在完全封闭和完全开敞、极亮和漆黑、空无一物的安静和人山人海的嘈杂之间，存在着无数种中间状态。这些因素微妙地影响着空间的性格和特质，进而影响人们身处其中所感受到的氛围。建筑师善于综合地运用和调节这些因素，从而获得最适合建筑使用方式和使用者活动的空间，让它既满足

◀ 图 2-5 奥斯卡·尼迈耶设计的尼泰罗伊当代艺术博物馆，由纯粹的弧线构成，位于巴西尼泰罗伊

▲ 图 2-6　弗兰克·盖里设计的毕尔巴鄂古根海姆博物馆，位于西班牙毕尔巴鄂

物质功能，又满足精神需求。

　　具体该怎样做呢？我们可以举一些简单的例子来说明基本的道理。

　　我们把建筑抽象为一个简单的立方体，具有上下加四周一共 6 个面。去掉一些面会有什么变化呢？

　　请看图 2-7 中的几个图形。其中，a 是完全封闭的立方体，b 在 a 的基础上去掉顶上的面，c 在 a 的基础上去掉两个相对的侧面和底面，d 只剩一个侧面。a 与外界完全隔开。b 的上方开敞，可以联想到四周围合的院子或天井。c 形成可以穿过的通道，可以联想到城门洞和地下通道。d 最为开敞，只是在直接面对时被阻挡，绕开后又能够恢复开敞，可以联想到中国传统院落中的照壁。

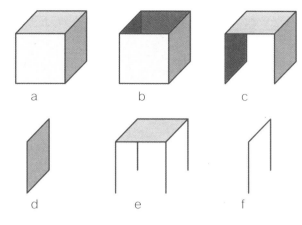

这几个例子说明，不同的围合方式下，产生了不同开敞方式和开敞程度的空间。在 b 中，顶

▲ 图 2-7　不同围合方式形成的空间

面的缺失可以使阳光进入空间。在 c 中，两个侧面的缺失使遮蔽和通行同时得到满足。在 d 中，单个面的存在仅遮挡视线而使得光、风和人可以自由流动。

除了降低围合度，在实体上开口也能达到开敞的目的。我们仍以 a 为基础，将 4 个侧面减到最大程度，仅剩下 4 根柱子，就得到了 e，它与廊和亭的空间模式相似。在 d 上开口形成 f，原本要绕行就变成了可以直接穿过，f 对应的实物是牌楼（图 2-8）。请你想一想，牌楼对空间有什么改变？它如此单薄，有什么功用呢？

空间的封闭和开敞，关系到建筑的"实"和"虚"。相对于建筑的实体部分来说，门、窗或更大的开口是"虚"的部分。它的"存在"，使得视线、光、声音、空气在建筑内外畅通无阻。我们都喜欢窗边的景色、凉亭里拂过的微风、阳光

▲ 图 2-8　北京国子监街的牌坊

洒在墙壁上的影子……这些由"虚"而入的事物，改变了空间的氛围（图 2-9）。虚的部分越大，空间就越通透，与外界的连接就越多。同样地，建筑的实体部分也影响着空间的品质，具体体现在界面的质感和色彩上。在布置自己家居环境的时候，每个人都有机会扮演建筑师的角色，通过选择自己喜欢的材质和色彩来设计和实现空间的氛围：有人喜欢细腻光滑的瓷砖，有人喜欢粗糙厚实的地毯；有人喜欢白色的简洁，有人喜欢棕色的浓郁；有人喜欢几何图案的冷静，有人喜欢花团锦簇的明艳……人们在营造"家"的氛围时，调动

▶ 图 2-9　古罗马建筑的代表作：万神庙，位于意大利罗马。光由穹顶中央的圆洞投进室内，空间弥漫着神圣气息

了全部的主观感受和想象力。

　　好了，现在我们已经了解了影响空间特质的一些主要因素，包括但不限于尺寸、比例、形式、开敞/封闭、虚/实、明/暗、质地及色彩。这些都是建筑师玩空间"魔法"时常用的手段。此外，他们还以连接、嵌入、延展、分割等各种方式，将不同特质的空间组合起来，形成更丰富的空间层次，让人产生更复杂的体验和感受。

　　图 2-10 是法国索恩地区朗香教堂的室内空间。阳光透过大小各异的混凝土窗洞，叠合着彩色玻璃的颜色洒进来，诗意的光影营造出独特的氛围。图 2-11 拍摄于天津市蓟州区的独乐寺。在独乐寺主要建筑观音阁中，木构架"编织"出一

▲ 图 2-10　勒·柯布西耶设计的朗香教堂的室内空间，位于法国孚日山区的一座小山顶上

个三层通高的竖筒形空间，为的是容纳一尊高达 16 米的观音塑像。建筑、塑像，以及照亮观音头胸部和衣褶的光，合为一个整体。

我们再来看看图 2-12 和图 2-13 的对比。一个是沿着直线往复的空间，具有强烈的引导性；另一个是沿着曲线环绕的空间，具有盘旋升降的动势。

▶ 图 2-11　辽代建筑独乐寺观音阁，位于天津

▲ 图 2-12　中央美术学院美术馆的室内坡道

▲ 图 2-13　北京蔚来中心的室内螺旋楼梯

◀图 2-14　北京南海子美术馆的园林空间

　　还记得我们前面提到的古代中国人对于建筑有一种自然的观念吗？这一点也明显地体现在园林中。在图 2-14 的中国园林中，植物、水池、山石呈现出天然的形态和自由的布局，让人仿佛置身于自然的山水之中。与这种非几何的空间形成强烈对比的是西方古典园林，如图 2-15 所示的法国宫廷园林，排列成行的树木、圆形的水池、修剪成图案的草坪都显示着人工的力量。这种几何式园林体现出人对自然的征服，与道法自然的中国园林具有全然不同的场所精神。

　　说到这里，你是否想起了曾经让自己印象非常深刻的空间呢？它是什么样的呢？是哪方面的特质让你产生了强烈的感受呢？

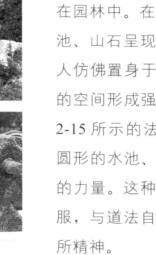

◀图 2-15　法国凡尔赛宫花园，呈现出鲜明的几何式设计特点

一座好的建筑：坚固、实用、美观

在我们的生活中，建筑无处不在。如果有人指着一座建筑问你："这座建筑怎么样？"要怎么回答呢？只是以自己的感觉说"我觉得不错"或"我不喜欢"吗？

我们每天都经过、看见、进出、使用不同的建筑。你是否曾被一座建筑的外观吸引住目光？是否曾在一座建筑里迷路？是否记得一些建筑里有自己十分喜爱的空间？是否遇见去过一次就不愿再去第二次的建筑？是否见过一些很老的建筑被拆除？

这些经历和感受都可能让你形成对一座建筑的评价。我们可以从许许多多的角度来评价建筑。这里既有主观的看法，也有客观的现实。但总的来说，都可以归纳为 3 个标准：坚固、实用、美观。说到这里，我们来认识一本书，那就是古罗马帝国一位名叫维特鲁威的建筑师所写的《建筑十书》。这本书是世界上最早的建筑专著，对后世影响非常大。维特鲁威在这本书里提出，建筑应当分别满足坚固、实用、美观的要求，从这 3 个方面概括了一座建筑的使命。

建筑首先必须是坚固的

人们使用建筑，本就是为了获得安全。假如建筑自身不够坚固，反而会给人的安全带来威胁。当我们说建筑的"坚固"时是在说什么呢？判断一座建筑是否坚固，就需要一些物理学知识了。

我们之所以能行走、跑跳、站立，是因为有骨骼的支撑。类似于人体的骨架，建筑也有一个支承体系，这个支承体系由板、梁、柱、墙、基础等承重构件组成，我们把它称作"结构"。

建筑的结构要承受多少力量呢？它得承受重力，包括持续不变的重力（比如建筑自身和内部固定放置设备的重量）和临时增加的重力（比如当人进入建筑时增加了人体的重量，下雪时增加了积雪的重量）。它还要承受水平方向的力（比如刮风时的风力、位于水下时的水压力、在地面以下的土压力）。在地震设防地区的建筑还要承受地震产生的破坏力。

如果结构不够坚固，受到的力超出了它的承受范围，就会发生变形。具体有哪些情况呢？我们试着用生活中的例子来类比一下。第一种是伸长或缩短。你见过拉面的制作过程吗？面条被拉向两边而伸长变细。第二种是剪切变形。这种很好理解，就像一根树枝被剪刀从中间剪断。第三种是扭转变形。打个比方就是拧毛巾时，毛巾变形为麻花状。第四种是弯曲变形。这个我们也有经验，家里书架用得久了，原本平直的搁板就会被书压得微微弯曲。

当我们把结构的变形类比为生活中的例子，你可能还觉得挺好玩。但是想象一下这些情形发生在建筑上就十分可怕了。虽然建筑结构的变形不像上面的例子那样夸张，细微到肉眼难以发现，但是一旦发生，将会带来灾难性的后果。

怎样知道建筑所受的力不会超过结构所能承受的范围，从而确保结构是坚固的呢？

结构由构件组成，构件又是用不同材料制作而成的，比如木材、砖、混凝土、钢材。而结构的承载能力与它的形式、构件的尺寸、构件之间连接的方式、材料的力学性能都有关系。人类在早期的建造活动中，只能依靠经验来判断结构的安全性。比如一座屋顶需要几根柱子支撑，每根柱子需要多粗。随着建造经验日渐丰富，并且经过科学化的发展，逐渐形成了今天的材料力学和结构力学。材料力学研究各种材料的力学性能和构件的承载能力。结构力学对不同形式和材料的结构受力情况进行分析和计算。

科学的结构设计不仅让建筑的安全性获得了充分的保障，

结构自身及与之密切相关的建筑形象也发生了改变。还记得古罗马建筑厚重的形体吗？它是当时结构发展情况和人们认知水平的产物。今天，建筑早就摆脱了传统的笨重结构，以钢筋混凝土结构、钢结构为主流，并且不断有自重更轻、力学性能更优、成本更低、空间跨度更大的新型结构被创造出来，比如膜结构、悬索结构、网壳结构、斜交网格结构（图 2-16）等。新的结构使建筑拥有了新颖的外观，例如中国国家游泳中心（水立方）像果冻一样的外层就是一种独创的多面体空间钢架结构（图 2-17）。

▲ 图 2-16　北京保利国际广场采用了斜交网格结构

▲ 图 2-17　中国国家游泳中心（水立方）

建筑也应当是实用的

人们建造的目的是使用建筑物。是否好用，是评价一栋建筑最重要也是最实际的标准。好用，意味着建筑能够满足建造时所设想的用途。建筑的实用性是具体而复杂的，包括以下4方面。

一是完善的功能。不同用途的建筑有不同的功能需求。有些建筑的功能简单，有些建筑的功能复杂。有些功能是必要的，有些则不是。

举例来说，一家超市只要有入口、服务区、商品陈列区、结账区、员工办公区、货品库房、卫生间、设备间，就能满足基本需要。而一座医院的功能就非常复杂了。综合医院分为门诊、急诊、住院、科研、行政、后勤等功能区。门诊部分又分综合服务、挂号、药房、检查室、化验室、各科的诊室及候诊区、门诊手术室、治疗室、观察室、病房、医生办公室等。还可以继续细分下去，诊室分呼吸科、神经内科、内分泌科、消化科、营养科、耳鼻喉科、眼科、骨科、儿科、妇产科等，检查室分B超、心电图、X射线、CT扫描、核磁共振、脑电图、内窥镜、心血管造影等不同功能区。那么，哪些功能又是非必要的呢？我们还以医院为例，如果医院里有礼品店，可以方便人们探病时送上一份心意，但这跟其他的功能相比，就不是必需的了。

二是与功能相适宜的空间尺度。一个空间被赋予某种功能时，它的尺寸也需要满足这种功能。比如，一般住宅车库里的停车位，5米的长度就够用了。但如果是消防站的车库，就要按照消防车的尺寸来考虑。消防车的高度近4米，长度最大的有16米多，因此车库高至少需要4.5米，车位长15米到17米。当需求增加而空间不够时，就需要改建或者扩建。比如图书馆的藏书量在30万册时，大概需要6000平方米的建筑面积；当藏书量增加到100万册时，建筑面积也需要扩大到15000平方米。

三是清晰方便的流线。对于建筑内部的各项功能空间，需要按一定的逻辑来安排它们的位置。这个逻辑就是流线，也就是人们进入建筑、使用建筑、离开建筑的过程中所经过的路线。如果流线布置得合理、简短，会大大方便人的使用。反之，就会像进入迷宫一样，让人不知所措并且大费周折。

四是适宜的环境。它表现在周围的声音、光的亮度、温度、湿度等不同方面，可以概括为3个字：声、光、热。

人们都不喜欢嘈杂的环境。周边嘈杂时，建筑的隔声性能就十分重要。我们都不希望像古罗马的平民那样，被窗外街道上昼夜不停的噪声吵得没法睡觉。而在一些以听觉为主要功能的空间里，不仅需要隔绝外界的噪声，还需要在内部进行专门的声学设计，创造出理想的音质和听觉体验，比如影院、剧场、音乐厅（图 2-18）等。

人们也不喜欢黑暗的环境，尤其在需要观看时。一间教室总是被描述为"明亮的"，是因为学习知识的过程中，大量信息需要通过视觉接收，于是教室通常设计有大面积的窗户，以获得充足的自然采光。然而有些空间就不适宜采光甚至需要绝对避光，比如存放药品的库房、冲洗胶卷的暗房。在博物馆和美术馆的一些展厅里，几乎看不到窗户，就是因为一些藏品对光十分敏感，在紫外线作用下容易褪色或改变性质，所以要做专门的照明设计来配合这类展品的陈列。

至于"热"呢，就更容易理解了。人们都无法长时间待在过热或过冷的环境中。建筑常年接受风吹雨打和日晒，在相同的外界环境下，使用不同热性能的材料和不同的构造方式，人在其中的舒适度会有明显的不同。如何改善内部的热环境也是一门复杂的学问。

▶ 图 2-18 中国国家大剧院音乐厅，墙面与顶棚看似凌乱起伏的表面，起着扩散声音、增强音质的作用

总的来说，一座实用的建筑兼顾了各个方面的需求，能在细节上解决许多实际的问题，从而让人们的生活更舒适、便利、愉悦、自在。

建筑还需要是美的

为什么说建筑"需要"是美的呢？这是因为人类有审美的需求，审美也是人区别于其他动物的一种能力。自从人类开始使用工具进行劳动，也就开始了创造美的历程。

让我们回想一下曾经在博物馆或书中见到的那些古老器物：几千年前甚至上万年前的石器、陶器、青铜器、玉器等。它们都出于某种用途而被制作出来，但实用性并不妨碍它们在形式上也具有美感。我们能在一把青铜刀上看到刀背优美的线条，能在一组陶罐中看到富于想象力的形态和花纹。先民创造的美，常常让今天的人也目瞪口呆。

美在劳动中诞生，对于这一点，思想家马克思（Karl Marx）是这样解释的："动物只是按照它所属的那个种的尺度和需要来建造，而人却懂得按照任何一个种的尺度来进行生产，并且懂得怎样处处都把内在的尺度运用到对象上去；因此，人也按照美的规律来建造。"

马克思说，只有人才认识美的规律，有审美的需要。那么，审美有什么用呢？从利益的角度看，审美没有什么用。它是一种感性活动，使人愉悦，却没有实际的功利上的用途。除此以外，审美还在人们之间传递着情感。我们还以古老的陶器为例来说明这一点。我国考古学家将不同地方发现的陶器命名为不同的文化，比如"仰韶文化""半坡文化"等。不同文化的陶器，在外观上具有可以识别的不同特征。同属一个文化的陶器，则具备一些共同的特征。正是这些形式上的共同特征，这份美感，表达了创造者的共同情感价值。情感保存在陶器中，又传递给透过陶器的形式而进行审美的人，也包括今天站在博物馆陈列柜前的你。

现在你就能理解了吧，建筑和其他器物一样，也是人们出于使用而制造的实体，也占据一定的空间，具有一定的形式。所以人们对它也不例外地有审美的需求。

建筑的美，不只有实体之美，还有空间之美。我们欣赏建筑的美，简单地说，有"旁观"和"介入"两种方式。"旁观"是说在一定距离之外观看，体验到建筑实体形式带来的视觉感受。而"介入"则是身处其中，感受空间和场所传达出的精神和情感，以及通过在建筑里面活动而得到动态的审美感受。比如，我们面对欧洲的一座哥特教堂时，观看到修长高耸的尖塔、线条优美的尖拱、精细装饰的立柱等共同构成的宏伟壮丽的外观，能够从形式中感受到一种力量和动势。当我们走进教堂内部，大量的彩绘玻璃和雕塑作品、空灵的飞券、从高窗透进的光线，营造出一种整体的艺术感染力，让人得到庄严和纯净的精神感受。

不过，欣赏和体验建筑的过程并不总是能简单地划分为"旁观"或"介入"，而常常是两种方式不停切换或叠合在一起。最佳的方式是，既有一些距离，又沉浸其中。这方面绝佳的例子就是中国的古典园林。这种集成了亭台楼阁、山池花木的空间艺术，通过高超的造园构思和手法，创造出丰富巧妙的空间层次，使人在游览的过程中，每行进一步，都能够获得新的景致和空间感受。既在观景，又在景中；既是旁观者，又是参与者。园林的这种特质被称作"移步换景"。

正因为建筑的美是多维度的，人们感受它的方式是复杂和变化的，建筑之美对人的冲击和震撼也就来得格外强烈。汉语中"美轮美奂"的"轮"和"奂"，意为"高大"和"鲜明"，就用于形容建筑的极致魅力和气魄。

在这一章开头，我们提出了怎样评价一座建筑的问题。现在你是否发现，这个问题其实不是一下子就能给出答案的。要考虑的因素实在是很多，而维特鲁威归结出"坚固、实用、美观"这 3 个方面，直到今天都是颠扑不破的道理。让我们来思考一下，它们三者是什么关系呢？

请注意我们使用的标题："建筑首先必须是坚固的""建筑也应当是实用的""建筑还需要是美的"。从"必须""应当""需要"这三个词就能看出，对于建筑来说，坚固、实用、美观三者的必要性是由强到弱的。设想一下，在一般情况下，坚固但不实用的建筑、实用但不坚固的建筑，怎么选？实用但不美观的建筑、美观但不实用的建筑，又怎么选？相信你已经有答案了吧。

也许你会问，既然美观的必要性并不像坚固、实用那么大，难道不能直接舍弃吗？在前面的两种假设中，我们被迫作出了选择，是出于"两害相权取其轻"的考虑，相当于在矮子堆里选高个儿。

在现实中，坚固、实用但是不美的建筑，仍然称不上是好的建筑，不被人们所喜爱。建筑作为人类最亲近的生活环境，与人的生存体验息息相关，因此，人们对建筑审美情感的需求也是极为强烈的。在满足坚固、实用的基础之上，人们希望建筑是美的，能为生活带来一份超越日常功用的愉悦色彩。而对于纪念性建筑这类较为特殊的类型来说，美观上的要求说不定比功能上的更高。反过来，一座丑陋的建筑，虽然可能挺好用的，但是它破坏了城市景观和视觉环境，人们在情感上不容易接受，甚至厌恶和不满。从媒体上频繁出现的各种丑陋建筑评选就能看出，大众对建筑审美有很高的关注度。

那么问题也就来了：什么样的建筑是美的？既然建筑需要坚固、实用、美观，那么研究建筑的学问——建筑学，这门学科是科学还是美学呢？

建筑学：是科学？是美学？是艺术？

我们先来看第一个问题：什么样的建筑是美的？这个问题有标准答案吗？

美是哲学中的大问题。古往今来，许多哲学家都曾对美下过定义，今天也还有新的解释不断出现，并且越来越复杂、越来越深刻，但一直没有得出广泛适用的答案。

前面我们提到，审美没有功利性。也就是说，每个人在审美上有绝对的自由。美或不美，自己说了算。这样说来，人们对美的认识应当千差万别对不对？可是你会发现，人们的主观判断很多时候却保持了一致——有许多公认为美的事物，也有许多大家都说丑的东西，仿佛存在着某种客观的标准。真的是这样吗？

我们每个人对于美的事物都抱有与生俱来的感受，这是一种自然而然的反应。在拥有了一些人生经历后，我们以往的生活，我们所接触的环境、所接受的教育、所在社会的文化……许许多多的因素共同塑造了我们的经验和认知。这些后天的经验叠加在原有的审美感知上，影响着我们的审美判断。因此，同一个时代、同一个地方的人群，他们的审美在整体上是相似的。

还有一点重要的原因，前面也提到过，就是人群需要在审美上体现共同的情感价值。因此，每当时代改变，新的美学风格就会应运而生。可以说，风格就是时代精神的"触须"。这一点在服饰上表现得特别明显，不同时期、不同民族的打扮各美其美。假如你要拍摄一部历史剧，还原人物所在年代和地区的服装就成为一门"必修课"。

建筑也一样，忠实地反映着时代的气息和文化的特色，像服装一样不停变换着潮流和风格。比如我们熟悉的中国古建筑，与世界上其他国家和地区的建筑相比，独树一帜，自成体系，并且影响了东亚其他国家。虽然中国、日本、韩国的古建筑相近，但各自的特点也十分鲜明。就中国古建筑自身来看，当你游览祖国各地的名胜古迹时，你也许会发觉，那些同样是坡形屋面、向上挑起的屋檐、木头梁柱所组成的建筑，其实也各有特点，因所在地域而不同，也因建造年代而不同。在东、南、西、北各地区，和唐、宋、明、清各时代，建筑具有不同的特点。除了技术、结构、做法相异，形式美的风格也各具特色。我国的建筑大师梁思成对于唐及五代十国、宋辽金元、明清这三个历史阶段的建筑，分别冠以"豪放""醇和""羁直"的评价，来代表它们各自的审美取向。❶ 而欧洲建筑在历史上也有古典、哥特、巴洛克、洛可可、折衷主义等形形色色的风格分期。

建筑有美丑之分，而随着时间的流逝，潮流的落幕，一些原本美的建筑也许悄然褪色，变得过时而平庸。可是还有一些建筑，它们的美历久弥新——无论什么时候，无论什么地方的人，都能从中得到最高的审美愉悦。它们和《诗经》《蒙娜丽莎》《贝多芬第九交响曲》一样，超越了时空，具有不朽的审美价值。它们是艺术作品。

由此我们可以得出结论：没有持久的风格，却有永恒的艺术。那么，建筑的美和建筑艺术又有什么不同呢？或者说，美的事物一定是艺术作品吗？答案自然是否定的。我们每天都能接触到不少美的东西，一件漂亮的时装、一个精美的包装盒、一盏造型优美的街灯……这些事物由于形式上的美，让人享受到美感带来的愉悦，但我们很难说它们都是艺术作品。如果说那是因为它们多少具备一些实用价值，那么我们再来看看不那么实用的绘画。是否美丽的图画都称得上艺术

---

❶ 参见梁思成的《图像中国建筑史》。

作品呢？显然也未必是这样。

真正的艺术作品给心灵带来的冲击是猛烈的。它让我们激发出高于实际生活的艺术想象力，在情感上与创作者产生穿越时空的共鸣，得到精神上的感悟。若只有美的形式，则无法带着我们体验超越现实的那一份意味。艺术作品正是通过形式的塑造，使原本的材料表达出这份意味，也就是无形的意境或者说气韵。按照德国哲学家马丁·海德格尔（Martin Heidegger）的说法，是让原本沉默着的材料开始说话。❶ 美国建筑师路易斯·康（Louis Kahn）曾自导自演了一段与砖的对话：

康：砖，你想要什么？

砖：我想成为拱券。

康：拱券太贵了，我可以在你上面做个混凝土过梁，你觉得怎么样？

砖：我想成为拱券。

表面看来，康表达的是对材料的尊重，实则是对艺术奥

---

❶ 海德格尔说："石头被用来制作器具，比如制作一把石斧。石头于是消失在有用性中。……而与此相反，神庙作品由于建立一个世界，它并没有使质料消失，倒是才使质料出现，而且使它出现在作品的世界的敞开领域之中。"（引自海德格尔的《林中路》）

秘的参悟。

由此，我们明白了，带给我们美感的建筑很多，但成为艺术的建筑通过形式和空间象征着超然的情感和意义（图2-19）。

建筑作为一门艺术，它在艺术的大家庭里处在什么位置呢？绘画、雕塑、建筑、音乐、诗歌（文学）是最基本的五大艺术门类。它们虽然都关注于内在的心灵性的东西，但如果我们从艺术的表达方式来看，绘画、雕塑、建筑属于视觉艺术，音乐属于听觉艺术，诗歌（文学）属于语言艺术。从

▼ 图 2-19　路易斯·康设计的萨尔克生物研究所，位于美国拉霍亚。明确的轴线、纯净的材料、清晰的空间秩序，传递出朴实而永恒的诗意

作品存在的方式来看，前三者属于空间的艺术，后两者属于时间的艺术。

　　绘画、雕塑、建筑同属视觉和空间的艺术，这是它们的共性。它们又有什么区别呢？绘画的形象存在于二维图像中，在平面上展现三维的空间。雕塑和建筑是真实的物质，它们的实体和空间现实地存在于三维世界中。因此，绘画能够呈现想象中的形象和空间，而不用考虑能否在现实中再现。与雕塑相比，建筑增加了实用性的目的，因而无法随心所欲造型，必须提供内部空间以满足实际功能，尺度也要符合人体的活动。

　　在空间艺术中，建筑虽然受到现实的约束最多，但建筑的空间是实实在在的，并且我们能够置身其中，在不同的位置从不同的角度观看。这却是绘画和雕塑做不到的。还记得那个著名的比喻——"建筑是凝固的音乐"吗？为什么会将作为空间艺术的建筑和作为时间艺术的音乐作类比呢？解释恐怕正在于此。建筑占据着空间，它矗立在那里。但在我们打量、欣赏、体验建筑空间的过程中，钟表的指针不曾停下脚步。音乐占据着时间，随着光阴的流淌娓娓道来。但在声音的世界里，曲式搭建起稳固的结构，节奏、音程塑造着距离和进深，和声把握着空间的色彩，调式和音色调整着明暗和氛围，共同塑造出音乐形象，让人在听觉的空间里流连忘返。现在，让我们试着"翻译"一下"建筑是凝固的音乐"，它约等于"空间是凝固的时间"。"凝固"这个词打破了时间和空间的边界，让我们看到了建筑的时间属性和音乐的空间属性，将被观看的现实空间和被聆听的想象空间在更高的通感层面完成了连接。

现在我们该回到"建筑学是科学、美学还是艺术"这个话题了。在此之前，我们不妨对它们作一番比较。下面列出了科学、美学、艺术所需要的东西，分别是知识、美感和想象力。

科学　美学　艺术

知识　美感　想象力

科学关注客观事实，虽然也有理论上的假设，但最终需要通过事实的验证。我们能够借助科学来解释和改变现实世界。而美和艺术来自主观感受和想象力，能描绘我们的内心世界，唤起知觉和情感。

哲学家将事物本来具有的客观属性称作"第一性质"，能引发人的感觉的性质则是"第二性质"。第一性质可以用数据的方式来表现，比如形状、数量、大小等；第二性质则不能，比如声、色、味等。显然，科学面对前者，美学和艺术则面对后者。对于这两者的区分，德国哲学家海德格尔曾举过一个通俗的例子。他说："色彩闪烁发光而且唯求闪烁。要是我们自作聪明地加以测定，把色彩分解为波长数据，那色彩早就杳无踪迹了。"❶

我们已经知道，建筑要坚固、实用、美观，如果还具有艺术上的感染力，就更完美了。显然，坚固和实用对应着第一性质，属于科学的范畴；美观对应着第二性质，应当把它交给美学。因此，建筑的学问既含有科学，又包括美学。科学建立在知识的不断积累上，因而科学一直在进步。今天建造的建筑与过去相比，结构更稳固、空间更大、高度更高、物理性能更好、舒适性更佳，这些都得益于科学技术的发展。而美和艺术就没有这一回事了，我们很难在这方面将不同时代的建筑作出高下之分。

今天，在大学学习建筑的专业称为"建筑学"。在建筑学的必修课程里，建筑力学、建筑结构、建筑物理、建筑构造、工程经济分析等课程属于科学的领域，这些课程帮助建筑师获得关于建造的实际知识；而素描、水彩、装饰艺术、平面设计则属于美学的方面，培养审美和构形能力。

那么，艺术呢？前面我们介绍了美和艺术的区别。我们发现，通过学习可以掌握形式美的规律，例如几何构成和色

---

❶ 引自海德格尔的《林中路》。

彩组合的原理，经过大量的练习可以提升对于美的敏感度和制作出美的形式的技巧。正因如此，建筑师通常从学生时代就开始练习徒手绘图，并延续为一种工作习惯。徒手绘图的目的就在于，训练将脑中思维转换为手下形象的能力。手对线条和形状的控制力越强，构形也就越轻松自由。不过，通过模仿和练习无法培养出艺术家。艺术不依赖于这样的路径，它只发生在天赋和想象力身上（图2-20）。

▼ 图 2-20　勒·柯布西耶设计的朗香教堂，奇特的形象如雕塑一般，传递着惊人的想象力

看到这里，你有没有觉得学习建筑是一大挑战呢？没错，建筑学被认为是科学和艺术的结合，功能和美的融合。它是一门跨领域的多元学科，需要广阔的视野、周密的思维、综合的素养和全面的能力，也意味着更多乐趣和更大的成就感。文艺复兴时期的意大利建筑理论家阿尔伯蒂指出，建筑师需要具备的条件包括天赋、实践能力、良好的教育、敏锐的感觉和明智的判断力。

　　对于建筑师来说，在科学面前要有严谨求实的态度，以免受主观感受的影响，而面对美和艺术，又要保持敏感的直觉和丰富的感受力。接下来，我们就把聚光灯投向建筑师，看看他们是怎样的一群人吧。

第三章

建筑师
——塑造和改变空间的人

建筑自然不是凭空产生的，它的从无到有需要很多人付出努力，其中最重要的角色就是建筑师。下面让我们来看看，建筑师是如何看待自己的。

"一个理想的建筑师应该是一个工程从设计到完工全部工作的总指挥。"❶——杨廷宝

"建造一座建筑，是一件复杂而且投入很大的工作，为了实现建筑师的设想，需要许多人共同努力。"❷——［芬

---

❶ 引自《杨廷宝建筑言论集》。
❷ 引自《建筑师如是说》。

兰] 阿尔瓦 · 阿尔托（Alvar Aalto）

"建筑师的主要职责在于仔细衡量得失，做出决定。他必须决定什么可行，什么有可能妥协，什么可以放弃，在何处和怎样去做。他并不忽视或排斥设计要求和结构在法则中的矛盾。" ❶——［美］罗伯特 · 文丘里（Robert Venturi）

"建筑产生于政治、经济、社会、技术、思想、世态、时尚等不同条件的各个领域之中，这些都不是建筑师的专业，如果没有其他领域的支持，什么也实现不了。但是，由于建筑师的存在，却可以将这些整合起来，并赋予一定的

---

❶ 引自《建筑的复杂性与矛盾性》。

形态。赋予建筑以某种形态，是建筑师唯一的职能。"❶——［日］藤森照信

"我们生存在时代之中，就必然要表现这个时代。所以，我从内心坚信，建筑必须表现时代的文明。"❷——［德］密斯·凡·德·罗（Mies Van der Rohe）

"每一位伟大的建筑师都是，而且必须是一位伟大的诗人，他必须是他所处时代的有创见的解释者。"❸——［美］弗兰克·劳埃德·赖特

"建筑师也许没法用语言文字细腻地描写人的生活，但可以用建筑结构

---

❶ 引自《建筑师如是说》。
❷ 同上。
❸ 引自《建筑大师语录》。

和建筑材料的'人性'去表达。"❶——
王澍

"建筑师是一个传递空间美感的人，这是建筑艺术的实际意义。思索有意义的空间，开创一个环境，这就是你的发明创造。"❷——［美］路易斯·康

"作为一名建筑师，你必须用物质形态表达思想。"❸——［日］安藤忠雄

以上所引用的对于建筑师的看法，全部来自世界各国的建筑大师。

而正如建筑师罗伯特·文丘里所说，建筑要满足维特鲁威所提出的坚固、实用、美观这三大要素，就必然是

---

❶ 引自《环球时报》2023 年 4 月 3 日。
❷ 引自《建筑大师语录》。
❸ 同上。

复杂和矛盾的。那么，建筑师的任务便也是繁杂、立体和多样的。

　　上面每位建筑大师所表达的观点都反映了建筑师生涯的某一方面，有的基于组织、实施，有的基于空间、形态，有的基于艺术、思想，有的基于文化、历史，以及人性。我们将这些视角汇聚起来，才有可能呈现出一个丰富、立体和完整的建筑师形象。

建筑师的"前世今生"

　　"建筑师"在英文中表达为"architect"。这个词源于前半部的"arch",即"拱""成拱形",也就是我们前面提到的拱券结构。它的出现和发展是建筑史上了不起的成就。也因此,由"arch"衍生出了"architect""architecture"(建筑学)。

　　在"architect"的称呼出现以前,人们当然也一直在建造房屋,逐渐就产生了建造工匠这一群体。其中,技艺更为高超、经验更为丰富的工匠脱颖而出,成为工程师或建筑师,他们往往建造那些重要的高等级建筑。还记得提出"坚固、实用、美观"三原则的维特鲁威吗?他就是罗马帝国的工程师和建筑师。不过,像他这样与一般工匠不同的工程师在当时还很少。一直到了文艺复兴时期(14～16世纪),欧洲的专职建筑师才变得多了起来。他们当中有不少人原来是工匠,承担建造的全部过程,由于才能和经验突出,逐渐从工匠中分离出来,成为专业的设计者。也正是从这时起,人们才习惯于将建筑与它的设计者关联起来。还有一些建筑师，同时也是艺术家，他们不像工匠那样富于建造的实践经验，但更擅长绘画、几何、数学等与形式密切相关的领域，具有卓越的创造美的能力。这时期诞生的建筑大师，自身就是极负盛名的艺术家。在我们熟知的文艺复兴三杰 ❶ 中，就有两位在建筑方面具有很高的成就——达·芬奇和米开朗基罗。

在建筑师逐渐成为独立职业的过程中，建筑理论也不曾停下前行的脚步。我们知道，古罗马时期由维特鲁威最早提出了建筑学概念，在这之后的各个时期都有新的建筑思想家留下著作，如阿尔伯蒂的《论建筑》（1452 年）和帕拉第奥的《建筑四书》（1570 年）。经过理论和实践的漫长积累，建筑学作为一门学科形成了自己的体系。和其他领域一样，这一行业也产生了自己的团体和行业组织。法国于 1671 年成立了国家级的建筑学会，称作"皇家建筑学会"。这个学会不仅举行学术活动，还很重视年轻建筑师的培养，设立了一所附属的建筑学校，这所学校是第一家专门的建筑教育机构。

工业革命之后，新兴的技术引发了生产力的提高和城市化建设的加速。在这样的背景下，建筑行业的分工更加细化，建筑师更加职业化。欧美国家纷纷成立自己的建筑师协会，

---

❶ 绘画领域的文艺复兴三杰指达·芬奇、米开朗基罗和拉斐尔。

为建筑师制定了职业标准和执业资格制度，古老的行业开始向着现代转型。

在建筑教育方面，建筑学也进入了大学教育，成为一门实用学科。在那里，学生会接受系统的专业课程教育，他们作为知识阶层，已经与早期进行体力劳动的工匠彻底脱离。其中，我们不能不提到一所学校，那就是大名鼎鼎的巴黎美术学院。巴黎美术学院是从前面提到的法国皇家建筑学会所设的建筑学校发展而来的，在它成立时（1819年），已经有100多年培养建筑师的历史，形成了一套完整的建筑学教育体系。❶ 这一整套教育体系被称作"学院派建筑教育"，简称"鲍扎"❷。后来，"鲍扎"体系随着巴黎美术学院毕业生进入美国的大学任教而得到"移植"和发展，又跟随着各国的留学生推广到世界各地，对全世界建筑师的教育产生了久远和广泛的影响。例如，在中国近代最杰出的四位建筑学家当中，就有三位毕业于美国鲍扎体系领头羊的学校。❸

进入现代社会之后，建筑行业的分工进一步细化，建筑

❶ 学院分为建筑学、绘画、雕塑三个专业，带有强烈的美学色彩。建筑专业的学生也要具备相当的绘画水平才能通过入学考试。随后，他们在学院里学习建筑理论、建筑史、数学、施工、结构计算、透视绘图等方面的课程。
❷ "鲍扎"这两个字来源于巴黎美术学院 "Ecole des Beaux-Arts" 中的 "Beaux-Arts" 的法语发音，意思是"美术"。
❸ 中国建筑四杰是梁思成、杨廷宝、童寯、刘敦桢，其中前三位都毕业于美国宾夕法尼亚大学建筑系。

学科朝向更加多元和跨领域的方向发展。建筑在"科学"方面（坚固、实用）的发展突飞猛进，表现在空间尺度变大，规模远超以往，功能也越来越复杂。这样一来，建筑师很难单打独斗，而是要和更多人并肩作战。因此，建筑师的任务不只是对空间、尺度、比例的设计，他还需要扮演项目总体协调者的角色。一方面，他要和其他专业的工程师❶打好配合；另一方面，他还要与投资方、施工方等各方随时沟通，调和各种矛盾，推进项目的进展。也就是说，建筑师不仅要能静下心来做好设计，还要有与人沟通、解决实际问题的思维和能力。

看到这里，你可能有点疑惑：既然"建筑师"这一称谓来自欧洲，那么中国的建筑师又是什么样的呢？

在中国古代社会，以形而上为道，形而下为器。因此，建筑在学术上从属于主流的儒学体系，主要归在"考工"的分支下面。"考工"指的是"百工之事"，包括从器物到工程的各类制造工种，如铸铁、营造、织染、雕刻等。建造房屋的工匠也属于"百工"之一。在重士轻工的观念下，工匠很难获得文人、士大夫那样的社会地位，他们大多默默无闻，

---

❶ 其他专业包括结构、给排水、暖通、空调等。专业工程师解决各项专门的技术问题，比如保证结构的安全稳定、给建筑提供水和电、为建筑布置通风排烟管道，等等。

只有极少数的优秀工匠（如鲁班、蒯祥）凭借高超的技艺或青史留名，或得到掌管工程的一官半职。一些出类拔萃者从工匠群体中脱颖而出，专门从事建筑设计。比如清代一位雷姓工匠，因技艺超群而担任了皇家建筑工程的设计工作，他的子孙继承了这项事业，前后八代人成为宫廷建筑师。不过，当时并没有建筑师这个说法，人们把这家人称作"样式雷"。我们从"样式"这个词就能充分体会到它的设计内涵。那中国什么时候开始有"建筑师"概念呢？我们回忆一下前面提到的"鲍扎"体系，在它影响全世界的同时，现代意义上的建筑教育、建筑学科、建筑师职业也来到中国，与传统的营造融合，逐步发展为现在的模样。

在传播媒介高度发达的今天，越来越多优秀的建筑师和他们的作品获得关注。当我们回顾建筑的历史，记起的也总是那些伟大的殿堂。这些作品由于瞩目的价值而受到珍视和保护，然而它们散发的夺目光芒遮蔽了暗处那些平凡的房屋——也许是一间农舍，也许是一座水塔……它们庇护了绝大部分的人口，却被淡忘在主流的历史叙事之外，无言地消失在时间的长河中。这些房屋的设计者通常是没有建筑师职业身份的匠人，甚或匠人也不是，就是你我身边的普通人。在设计时，他们一定思索过建筑师脑海中常考虑的那些问题。也许缺少训练有素的设计手法或者机巧的营建技术，但真实的人生经验、改造生活场所的信心、感受空间的本能所催生出的朴素建造智慧，也曾在这些无名建筑中闪烁着星光。我们因而明白，每个人未必都能达到建筑师的执业水平，但这并不妨碍他感受空间、思考空间甚至改造空间。每个人都能在一定程度上行使对生活空间的话语权，这一点是和建筑师相通的。因为这就像我们在书的开头提到的，建筑师的工作是为了人而创造空间，这是他不应忘记的最为重要的事情。有趣的是，国际知名的建筑大师里，没有从建筑系毕业的并不是个例，甚至有安藤忠雄这样自学成才的设计大师。

那么，怎样才算够格做一名建筑师，我们一起来聊聊吧。

"万能"的建筑师

　　我们在前面已经了解，建筑学是一门兼收并蓄的专业。相应地，建筑师通晓的事物越多越好。还记得古罗马的《建筑十书》吗？其中就提到建筑师要具备多学科的知识和技艺，要兼顾理论和实践，他"应当擅长文笔，熟习制图，精通几何学，深悉各种历史，勤听哲学，理解音乐，对于医学并非茫然无知，通晓法律学家的论述，具有天文学或天体理论的知识"❶。你瞧，早在两千多年前，建筑师的眼界和知识就已经需要如此丰富了。这番道理在今天也并不过时——建筑师应该是一个充满好奇和兴趣的人。

　　那么，除了涉猎广泛，建筑师还要具备哪些独特的看家本领呢？

　　俗话说"三百六十行"，形容人们从事的职业多种多样。

----

❶　引自《建筑十书》。

一位建筑师懂得什么，又能够做什么，似乎并不那么显而易见。先来看看下面列出的职业：

演员　小提琴手　厨师

导演　乐团指挥　饭店经理

假设你的身份就是其中之一，请想象一下自己工作的样子。你有没有发现，上面一排职业，即使没有真正从事过，你的脑海里也快速勾勒出以下的画面：演员做出动作、念出台词，扮演着一个特定的角色；小提琴手转动手腕来回运弓，琴弦振动，发出动听的旋律；厨师熟练操作各类烹饪工具，将食材变成一道道美味菜肴。

而下面一排职业，联想起来会稍微困难一点儿，没有这么多具体的情景浮现出来。上下一一对应，虽然在竖向上看，是同一类工作（比如演员、导演都是影视行业），但是下面的明显要复杂一些。

我们就以演员和导演这一竖列来说说两者的不同。今天，在一部电影的结尾，演职员表里可能列出不下百种人员，除了人们熟知的演员、编剧、摄影、灯光、道具等，还有随着科技发展不断出现的新工种。他们都为电影出了一份力，参与了其中一个环节。比如，通常来说，编剧的工作做在拍摄之前，演员在拍摄阶段工作，而配音在拍摄之后工作。可是有一个人，他从头到尾都不能离开，既要在整体上把握，又要注意到细节，还要解决随时出现的新问题。他要为这部电影的一切负责。这个人就是导演。

小提琴手和乐团指挥，厨师和饭店经理，也有相似的地方，你可以自己来想想看。

了解到这里，对我们理解建筑师这个职业就非常有帮助了：建筑师并不像上面一排职业那样，可以把精力集中在相对单纯的任务上面精益求精，而是像下面一排职业那样，非常立体地面对多方面的情况，在总体上进行控制，并解决问题。这种繁杂、综合的要求使得建筑师需要有不同方面的能力，并且是一个挑战很高的职业。

具体来说，建筑师的"本领"体现在：

心里装着数据库（尺度感知）；

大脑里"建模"（空间的感知和想象）；

再现三维空间（空间的表达）；

把东西做好看（形式创造）；

夹缝中生存（解决实际问题）；

关怀备至的心（对心理和行为的理解）；

积极面对过去和未来（对历史和文脉的回应）。

举出了这么多，让我们挨个来看看吧。

心里装着数据库

你有没有在什么地方见过这样一群奇奇怪怪的人，他们把手张开到最大，以拇指和食指两根手指的指尖距离作为长度单位，认真地测量着一件东西？他们有可能就是没带尺又十分想获得实际尺度的建筑师。

建筑师十分关心尺度。他们的头脑中往往有一个装着丰富数值的尺寸库。这些数值有些从建筑规范、建筑设计手册中来，有些从生活经验中来。为什么他们会对尺度这么在意呢？

一个原因是，建筑的尺度和人的活动密切相关。

在尺子之类的度量工具出现之前，身体就是人类所拥有的宝贵工具。一根手指的长度、一拃的距离（拇指指尖到小指或中指指尖的最大距离）、肘长、脚长、迈出一步的距离等都被天然地用作计量单位。它们是一串数字，恰恰又是这串数字组成了人体的形状。所以，人体各部分的尺寸，直接关系到做出各种动作、进行各种活动需要多大的空间。

用自己身体测量出的数据，是最能说明自身需要多大空间的"证据"。今天，公制长度单位，如米、厘米、千米等，在世界各地通用，但 1 米长度的定义和人体尺寸没有一点关系。1790 年，科学家建议将通过巴黎的地球子午线全长的四千万分之一定义为 1 米。1983 年，1 米又被定义为光在真空中 1/299792458S（秒）的时间内所通过的距离。即使希望通用的长度单位和人体尺寸有某种联系，但由于不同地方、不同人种的人，身材差别非常大，也很难办到。

不过，仍然有人在这方面积极做出了尝试。法国建筑师勒·柯布西耶于 20 世纪初在欧洲旅行时敏锐地发觉，人们日常居住的房子，室内高度大多在 2.2 米左右，这正好是一个人举起手臂可以够到的高度。接下来他又发现，这个高度正好是肚脐高度的 2 倍，而肚脐的位置又正好是人体的黄金分割❶ 点。受到这些启发，他提出应该利用这些尺度建立一套和公制（也就是"米"）不同的、新的长度标准，并起名"模度"。"模度"是为设计者创造的。柯布西耶认为，这些尺度从人体而来，用它们来控制设计，能够使设计出的产品更贴合人的实际使用（图 3-1）。他很坚持这一点，并且把"模度"运用在自己的建筑设计当中。

"模度"是以身高为 183 厘米的人体来确立的，因此很

---

❶　黄金分割是一个数学概念，指的是将一条线段分为两部分，如果较大部分与整体之比等于较小部分与较大部分之比，即为黄金分割。这一比值约为 0.618。

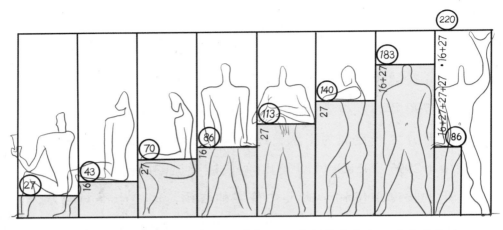

▲ 图 3-1 一个身高 6 英尺（183 厘米）的人在各种姿势和活动时形成的尺度，勒·柯布西耶绘制，图中数字的单位为厘米

难在全世界推广，不过它提示了我们，建筑师对于人体尺度和人们活动需要的空间尺度都特别看重。他们关注的不仅是建筑，也留意一切和人的行为有关的尺度——尺度大小如何，对人的活动有什么影响，人在其中的感受怎么样。大到一条街道会不会宽得让人打消横穿过去买一瓶饮料的念头，小到公园里秋千坐凳距离地面的高度能不能保障孩子既不容易摔跤也不会绊倒，这些都在他们的日常观察和体会当中。

　　建筑师除了参考来自生活经验的尺度，还会使用设计指南一类的工具书。那些书根据本国人的身材专门总结出一些常用的尺度数值，能够帮助建筑师快速估计出不同用途的空间适合多大的尺寸。图 3-2 就是我国出版的《建筑设计资料集》当中一幅汇集了人们在不同情况下通行所需宽度的示意图。

这下你就能够明白，前面提到的"怪人"为什么会用手测量了吧。其实很多建筑师都有这样的习惯，而且测量水平很高。我国建筑大师童寯就曾用双脚丈量了江浙一带的园林，他得出的尺寸和后来用尺测量出的并没多大差别。可以说，这也是建筑师的一项基本功吧。

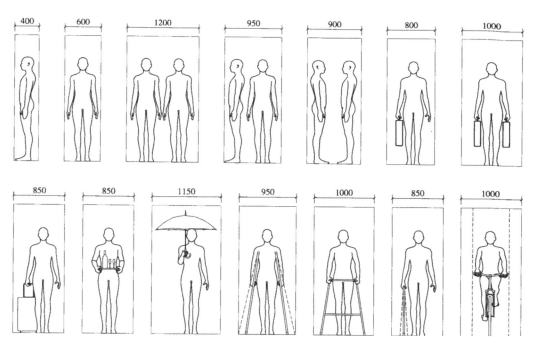

▲ 图 3-2　人体通行所需空间宽度的图示

　　第一排分别为：一人侧行、一人步行、两人并行、一人步行一人靠墙、两人侧行、一人带一个行李箱、一人带两个行李箱

　　第二排分别为：一人拖行李箱、一人端托盘、一人打伞、一人拄拐、一人使用助行架、一人拄盲杖正面、一人骑车

建筑师最主要的工作是设计建筑。所谓设计，是指事先筹划、计划。设计建筑，就是在实际建造一座建筑物之前，预先将它的实体和空间设想出来。既然建筑还未"出世"，那么这个预设的作品存在哪里呢？答案是设计者的头脑里和他所使用的媒介中。因此，我们就来谈一谈建筑师对空间的感知、想象和表达的能力吧。

大脑里"建模"

前面介绍过，绘画、雕塑、建筑都属于视觉性的艺术，表现的都是三维空间。对创作者来说，理解空间是一种必需的能力。由于建筑的现实性更强，内部结构更复杂，这就要求建筑师对空间关系的把握和控制力更强。和画家、雕塑家一样，建筑师的头脑中也有一个三维世界。在构思一座建筑时，他总有第三只眼睛在其中观察、打量，到处巡游。眼睛的位置、观看的角度和焦距不断变换，就如同在现实中体验着这一作品，却不受现实的限制而具有全方位的任意角度。在这个"看"的过程中，大脑一直在感受、评价和决策，对局部或整体作出修改。这有点像画家创作时，反复地停笔观看局部和整体，推敲后再拿起笔调整。只是从二维变化到三维时，不仅要看清各个角度的图像，还要清楚地知道被遮挡部分的位置。随着视角的变化，一些遮挡的地方被看到，原本看到的部分可能被遮挡，整个作品的空间信息在动态的观察中被建立起来。

这个复杂的思维过程当然不能只在头脑中激荡，还需要通过媒介表达和保存下来。在设计阶段，建筑师常常用草图的方式，将想象中的形式明确定格为二维图像。作品产生后，建筑师的工作就会不断地和其他人发生交集。交流的过程必须借助媒介，不同形式的图纸和模型就成为人们沟通的语言，对各方的意见进行"转译"。

现在你就能理解了吧，为什么感知和想象空间，以及将它表达和呈现出来，对于建筑师来说特别重要。具体地说，就是在头脑中思考三维的形体和方位并表现为二维形式。反过来也是如此——看二维图纸时，能迅速联想和转化为大脑中抽象的空间形式。

如何训练和提高对空间的感知和想象的能力呢？其实，我们生活在三维的世界里，对空间有所认知是每个人都具有的基本技能。而有些人对此似乎更得心应手——他们可能从不迷路，玩魔方总是更快成功，几何科目的成绩特别突出。如果有良好的空间认知和想象力，那么在几何和逻辑思维方面也会更有优势。因此，空间认知是教育中重要的一环。我们从孩童时期开始就以各种方式接触到这项内容：在一些三维形式的游戏（例如积木、迷宫、魔方等）中培养空间知觉能力，在绘画中掌握三维构形能力，通过使用地图建立方位感。而在学校里学习几何课程尤其是立体几何，更是与此息息相关。这些游戏和训练都能让空间感知能力得到有效提升。而对于建筑师来说，他们还需要借助一些媒介来表达空间，在这个过程中强化与空间相关的技能，我们来看看都有哪些吧。

再现三维空间

我们感知空间最重要的途径是用眼睛看。但对于建筑师来说，走马观花的浏览很难清晰完整地建立对眼前场景的印象，更谈不上留下多少细节。而拍照虽然能记录取景框内的全部图像且十分便利，却无法代替眼睛对视觉信息的捕捉。建筑师通常采取的是观察加速写的方式——通过观察能够获得丰富的细节和素材，而速写的特点在于快速描绘，促使大脑主动去认知对象的轮廓、比例、虚实，并不断传递给拿着笔的那只手。在这个手脑协作的过程中，画面的主体、层次、结构、视角被一一确定下来，特别留意的细节被悉心雕琢，无须聚焦的形象用疏朗的笔触笼盖。一次体现着作画者对于空间所思所感的创作就这样完成了，这可能会为将来萌发的设计理念埋下种子。很多建筑师有随身携带速写本的习惯，建筑大师勒·柯布西耶就曾经用过 70 多个速写本，他认为应该用眼睛和笔来记录对所见之物的印象。我们看着这些作品（图 3-3）时，也看到了他在那一刻是如何看待身处之地的。

　　将速写当作一项训练来看，也能带来不小的帮助。一方面，速写需要在短时间内获取视觉信息，这种快节奏的观察能够让眼睛变得敏锐，手眼更加协调。另一方面，速写的成

▲ 图 3-3　雅典卫城速写，勒·柯布西耶绘制

果常常表现为单色的线条，多画速写有助于提高运用线条的能力。我们知道，建筑设计本质上是创造实体和空间，体量、形态、层次、边界都体现为画面中的线条，建筑师手下的线条因而存在着实际的意义，隐含着设计意图。所以，控制好笔下的线条，让它恰如其分地表达心中的想法，是建筑师的另一项基本功。

除了用速写记录眼睛所见，建筑师也会在草图中留下所思所感，抓住一闪而过的想法，例如脑海中的一个实体形象、一个场景意象、一个情感瞬间等。遇到合适的机会，草图就具备发展为设计方案的潜质。它的最大特点在于未定型，留下了向任一方向发展的可能性。建筑师修改草图是流动的思维过程——结合头脑中的"看"，让信息在手、脑、眼之间反复传递，对作品进行推敲和调整。因此，草图是一种开放的、思考性的图像。

当设计成型后，成果需要从草图转化为工程图纸。与草图的粗略和开放相反，工程图纸是一套精确而闭合的体系。和绘画不同，建筑最终要在现实中建造，这意味着得在图像中体现真实的尺寸。工程图纸就可以办到这一点，它的本质是正投影图。通过投影，空间形体的几何信息凝固在平面上，完成了从三维到二维的转化（详见本书第四章）。采用这种方式获得的二维图形是唯一的和确定的，因此也是各类工程通用的图像语言。建筑专业课中有一门课程叫作"画法几何"，就是为掌握这门图学语言而设立的。这门课程的训练使大脑在空间形体和平面图形之间来回转换，对于提升空间思维和想象力有直接作用。

那么，是不是只能用二维的方式表现设计构思呢？也不是。建筑模型就是一种更直观的手段，它的真实感和空间感弥补了二维图纸的不足，还能引发对结构和材料更多的思考。建筑师可以在不同视角观察模型，研究和推敲自己的作品。制作模型不仅可以帮助建筑师打开思路，激发设计灵感，还能实打实地体验动手创造空间的乐趣。建造原本就是一项脚踏实地的活动，培养强大的动手能力也理应是建筑师的必修课。

把东西做好看

前面说过，建筑作为一种视觉艺术，人们对它天然地有审美上的需求。一位优秀的建筑师不只是能够完成让建筑坚固和实用的任务，必定还具有突出的形式创作才能。这种造型能力得益于建筑师对形式美的深刻理解，源于个人的生活经验。由于它对建筑师来说十分重要，因而也是建筑教育中的必修内容。可能你会觉得奇怪，美没有统一标准，美感是主观的，如何培养呢？我们打个比方来说明——这就好比不管在乐感上的天赋如何，都可以通过学习乐理来加深对音乐的领悟。学习美术也是一样，可以帮助在技术层面上创造美的形式，从而产生审美价值。

虽然形式有无数变化，但也遵循一些普遍适用的法则，人们经过长时间的实践将它们总结出来，如突出重点、保持布局的均衡、选取和谐的比例、营造适度的变化、借助重复性元素形成肌理和节奏，等等。在大学的建筑系里，绘画、建筑构成（一门关于构形方法的课程）、艺术欣赏等课程都能帮助学生掌握基本的美学原理，从而提高形式创作技能。

然而，造型能力越出色，意味着越能突破陈规，创造出独创性的美。顶尖的建筑师在形式上的创造力往往最令人瞩目，他们有能力形成自己的形式语言和强烈的个人风格，成为他人追逐和模仿的对象。比如，提出"少就是多"（less is more）设计理念的德国建筑师密斯·凡·德·罗，他的作品采用精简轻盈的结构，外观因直线和无装饰而具有极致的简洁美感。他还常常用大片玻璃墙，让空间在建筑内外流通，形成透明纯净的氛围（图3-4）。美国建筑师理查德·迈耶（Richard Meier）喜欢将不同的几何形体相互穿插、交错，形成层次丰富的建筑体量，再加上作品中最鲜明的特色——白色材料的使用（理查德·迈耶也因此被称为"白色派"建筑

▲ 图3-4 密斯·凡·德·罗设计的巴塞罗那国际博览会德国馆，位于西班牙巴塞罗那

师），于是虚实对比明显，具有强烈的光影感和雕塑感（图3-5）。而巴西建筑师奥斯卡·尼迈耶则偏爱曲线，认为最有魅力的是自由流动的曲线。曲线的大量使用，为他的作品带来五彩斑斓的性格——优雅的、感性的、大胆的、新奇的……这些充满独特创意的建筑看似无拘无束，背后掌舵的则是让曲线遵从内心意图的高超的造型能力（图2-5）。

夹缝中生存

这样看来，你可能会觉得，建筑师的创作应该有极大的自由吧？可实际上恰恰相反。我们知道，建筑和绘画、雕塑相比，它最大的特点在于以实用为目的，所以就不难理解：建筑创作会受到现实条件的制约，难以随心所欲。那么，在设计一座建筑时，会遇到多少具体的现实问题呢？让我们来看看吧。

每座建筑都有它的出资人和使用人，他们被称作"业主"。业主通常用设计任务书的形式来表明自己的需求，其中会详细列出建筑中的各类功能以及需要多大的使用面积。建筑师接受了业主的委托来设计建筑，自然要尽量地为业主着想，解读业主的需求并按照任务书来设计。业主对设计的结果可能满意，也可能提出修改意见。这些意见会影响建筑师的决策。

经费和技术条件也是建筑师要面对的现实因素。建筑的体量决定了它的成本不是一笔小数目，经济是影响建筑设计最直接的现实因素。正所谓，有多少钱办多大的事，如果经费有限，一些不切实际的设计想法恐怕就要束之高阁。

建筑的结构、材料等技术虽然一直在发展，但仍然只能

◀ 图3-5 理查德·迈耶设计的巴塞罗那现代艺术博物馆，位于西班牙巴塞罗那

有限地满足设计构思。如果超出当下技术水平所能实现的范围，那么设计方案也只能停留在图纸上。18 世纪时，有一位法国建筑师想为伟大的科学家牛顿建造一座纪念堂。他设计出一个巨大、雄伟的球形空间，直径达到 150 多米，嵌在底部圆柱形的基座上。球体的内部是一个封闭空间，建筑师想用各种手法来模拟因时而变的日月星辰，让人仿佛置身宇宙。结果你也猜到了，这个构想虽然令人惊叹，但因为技术和资金都无法支持而成为空想。

　　建筑师设计方案时，还必须满足建筑法规的要求。我们都知道，建筑物的安全和使用是人们生活的基本保障，因此每个国家都会制定相关的法律和制度❶来监督和规范各类建设活动，这便是建筑法规。其中一些条款会直接限制或影响建筑的设计。举例来说，老年人使用的公共建筑里，考虑了使用轮椅的情况，走道宽度最好大于 1.8 米；医院、学校（耐火等级为一级）的房间门距离最近的安全出口不能超过 35 米；在确定窗户的面积时，需要参照采光标准和窗地比（窗户面积跟房间地面面积的比值）的要求；两栋建筑相隔的距离必须满足防火和日照的要求。除了满足规范的要求，建筑

---

❶ 我国与建筑设计相关的规定有建筑设计通则、节能设计标准、防火规范、采光设计标准、气候区划标准、地面设计规范、防雷设计规范、无障碍设计规范等，以及为每一类建筑专门编制的设计规范，如住宅、学校、文化馆、图书馆、医院、旅馆、商店、客运站、铁路车站等。

还要服从城市的整体规划，其中一些要求也影响到建筑单体的设计。例如，北京市为了保护旧城的历史风貌，禁止在二环路以内建造高层住宅。

此外，每座建筑面对各自不同的现实条件，这些条件对设计的影响更加直接，甚至有些设计构思就是从中发展而来的。首先，承载建筑的这块土地（我们称为建筑用地）自身的一些特征，如面积、形状、地面的高差情况等，天然地成为设计的限定条件。它与旁边的建筑和道路的关系，决定了建筑的边界，影响到使用路线的布局。其次，建筑所在地具有的独特气候条件，包括气温、湿度、降水、风力、日照、海拔高度等，对生活的影响是持久的。在设计空间时自然要合乎当地的气候条件，从空间形式、材料、朝向等方面着手，减少气候的不利影响，增加室内环境的舒适度。

还有，我们已经知道，建筑的本质是空间，但建筑不能只有空间，人们生活在其中，还需要水、电、燃气、供暖、通风等设施和供应系统。因此，建筑师需要与许多其他专业的工程师一起完成建筑的设计。他们的合作便是一个相互协调的过程。建筑师必须征询其他工程师的意见，为各类设备、管道、系统留出空间，把它们安排在合理的位置，同时尽量避免对空间使用造成不利的影响。如果建筑师的一些奇思妙想被人泼冷水，对方很可能是结构工程师。结构工程师的工作至关重要，他们的职责在于保证建筑的安全。因此，倘若建筑师的想法从建筑结构角度是不现实或不安全的，就应该听从结构工程师的警告，共同寻找可行的解决方式。

对于使用上有特别要求或者专业需求的空间，建筑师在设计时要咨询专业顾问，了解相关领域的知识。例如音乐厅的设计，关键在于声学设计。不同的演奏方式、音乐类别、听众数量，对声音的要求不尽相同，而空间的尺度、演奏台与观众席的形式、声学构件的设置，对声音的混响、反射等有直接的影响。因此，要获得理想的声音效果，建筑师就要同声学专家、音响工程师等专业人士合作。

看到了吧，在如此繁多的条件的"挟持"下，设计一座建筑的过程非但不是天马行空，甚至可以说是夹缝处求生存。有一种强调理性的极致观点认为，建筑设计好比解题，在已知条件下将会得到唯一解。也就是说，设计既然需要解决各种问题、各种矛盾，那么只有一个最佳的方式，或者说最优解。对于这种看法，你觉得有道理吗？

现在你知道了，建筑设计既是创造，又是求解。它是一项复杂且充满现实矛盾的任务，也是一个不断地探索、权衡、取舍的过程。设计方案从构思到实现，经历过反反复复的修改，有些甚至在中途推翻重来。因此，系统性的思维和统筹的能力是建筑师的核心能力，能帮助他将一团乱麻变得逻辑井然。而那些优秀的建筑师，在照顾好各方需求、协调各种矛盾后，仍然实现了自己的设计意图，用卓越的想象力弥补了现实条件的不足，仿佛从夹缝中长出一株参天大树。

对心理和行为的理解

　　建筑师的主要职责是设计建筑，做这项工作时，建筑还不存在。而当建筑完工时，并不代表着结束，反而，一切刚刚开始——人们进入建筑，在里面活动，做各种各样的事情。在绝大多数情况下，建筑的使用者不是它的设计者，或许也不是出资人，而是那些真正要与建筑朝夕相处的人。他们的行为、体验、情感、记忆等都与这处人造环境息息相关，二者相互影响，因此，建筑师有义务为使用者着想。

　　在过去比较长的时间里，对建筑的感知以视觉为中心，主要关注形式，忽视了其他感觉。人们对空间的体验原本是一种复杂的感知，比如，你在回忆家里的生活时，可能会想到煮茶的热气和香味、在阳光下懒洋洋地看书、过年过节时亲朋好友欢聚一堂……而不单单是你家的建筑外部和室内空间的样子。如果设计建筑时只强调视觉，那么人们的体验也会受到影响而有所缺失。

　　意识到这一点后，建筑师开始从整体上关注和研究使用者的感受。在设计时，建筑师预估使用者在建筑里的活动——他会怎么进入建筑，接下来会去什么位置，在空间里会发生什么，会做什么样的动作，等等。建筑师不仅从功能和流线设计的角度去琢磨人们在建筑中的行为，还要设身处地地考虑人们的状态和心理。比如，医院的门诊部有许多科室，如何安排和决定它们的位置呢？除了就医流程、医疗功能、患者人数这些能够量化的因素之外，还有没有其他需要考虑的呢？让我们来想想那些患者吧。外科有许多受到急性损伤的病人，他们行动不便。内科病人通常受症状的困扰，神疲行缓。因此，这两个科室都有易于到达的需要，不适合距离入口太远，并且最好设置在底层。而像口腔科、眼科、耳鼻喉科、皮肤科、营养科、心理科的患者，相对来说就医时没有那么急迫，对于就诊位置的要求也就低一些。

我们再来举一个室外空间的例子。在公园或景观区域，常常有许多蜿蜒的步行道。与直线相比，弯曲的路径增添了不少游览的乐趣。不过，我们偶尔也能看到，在旁边的草坪上，有一条被人踩踏出来的"野生路径"（图3-6）。也就是说，人们不愿走设计好的步行路线（图中黑色所表示），而这多半是为了抄近路（图中红色所表示）。当设计的路线与人们的意图和行为习惯大相径庭时，就会出现这种啼笑皆非的场景，也说明设计者忽视了人的心理和需求。

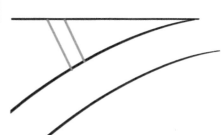

▲ 图 3-6　一处设计的路线（黑色线）与实际的捷径（红色线）的例子

　　想把握建筑环境与人的感受之间的微妙关系，建筑师就不仅要换位思考，尽量理解使用者，还需要系统性研究的支持。经过心理学、医学、社会学、人类学、建筑学等多学科交织的研究，学者们逐渐得到了一些关于环境—行为相互作用的认知。大致来说，人对于空间有心理上的需求，也有社会交往的需求，还有精神上的需求。比如，每个人的生活都需要安全和私密的环境，他们希望对环境保有领域感和掌控感，同时又需要与人交往，通过观察、倾听他人，与他们打交道，一起活动，来及时地获得身边的信息，与周围世界建立起联系。然而，过于拥挤、喧闹的环境又会形成过度的刺激，使人感到紧张，进而疲劳。精神上的需求则是指什么样的空间使人有共鸣和归属感。这种积极的感知往往体现在生活经验、记忆、文化习俗、地域特点等方面，包含这些元素的空间容易让人感到愉悦、自在和认同。

我们说，每个人的生活细节合起来，就组成了社会生活的全貌。因此，对于改善人们的生活环境来说，建筑设计具有非常重要的作用。这需要建筑师敏锐、细致地觉察到他人的需求，并将这种关怀落实在设计实践中，转化为对细节问题的思考。回忆一下，有没有某处空间在细节上十分人性化，或者让你觉得很贴心，感到被别人理解呢？不用怀疑，那里的设计必定出自一位热爱生活的建筑师之手。对于建筑的感知来说，不管是共情和理解，还是研究和理论带来的启示，都指向实际的生活。真正出色的设计背后，饱含着生活的温度。

对历史和文脉的回应

要认识我们生活在其中的这个世界，就绕不开历史。无论你对什么感兴趣，大到一个国家，小到一枚钱币，它们都有自己的历史。历史由无数个瞬间组成，一直跟随着我们。在时间的坐标轴上，我们与它相连，并朝向未来迈进。时间延绵不绝，我们可以同过去告别，却无法与它割断。一切事物都不是凭空出现，它从哪里来，往哪里去，要知道答案，我们都要先听一听历史的旁白。

和社会史、经济史、政治史、科技史等一样，建筑也有自身的历史。建筑的历史告诉我们，人们在过去如何看待建筑、如何设计和建造建筑、如何在建筑里生活，而这些又构成了文化的一部分。

　　如果把历史和文化拧成一股绳，我们的一切观念、文明、精神、价值、记忆、传统、意义都会被缠绕进去。这条"绳"就是所谓的"文脉"，它能使建筑师清醒地面对当下的创作。为什么这么说呢？

　　建筑很少会孤立地存在。在它出现以前，周围有其他的建筑占据了空间，当它出现以后，它便融入其中。也就是说，建筑既要面对自身的环境，也会成为环境的一部分。这就很有意思了。建筑虽说没有生命，但我们可以将它存世的时间看成"寿命"。每座建筑的命运不同，"寿命"的长短也不同。因此，一座新建筑身边的"邻居"，可能会是"百岁老人"，甚至千年古董。不管它的"邻居"什么年龄，建筑师都面临着一个问题，那就是这个新的部分怎样恰如其分地走入历史的大家庭，既要避免入侵的姿态，也要放下做客的桎梏。

　　在处理新与旧、过去与现在的关系上，一个有名的例子就是法国巴黎的卢浮宫改造项目，设计者是华裔建筑师贝聿铭。卢浮宫有数百年的历史，为了保护这座文化遗产的完整性，贝聿铭将建筑功能置于地面以下，只在地面露出一座透明的"金字塔"（图 3-7）。这样一来，减弱了对卢浮宫的视觉影响；为地下空间提供了采光；透明的玻璃映射出周围的建筑和天空，成为时空的纽带，使氛围融合为一。贝聿铭的设计化解了新旧之间的冲突，达到了历史与当下的平衡。这

▼ 图 3-7　卢浮宫的玻璃金字塔，位于法国巴黎

一巧思来自他对历史的细致研究，他曾说："我必须兼顾历史和现实，学会用法国人的眼睛来看卢浮宫。……金字塔的律动来自整个建筑的几何性，而这种几何性正是深植于法国文化的。" ❶

❶ 引自《贝聿铭全集》。

还有一个现象不知你是否留意过——世界各地的古代建筑都有独一无二的面孔，现代建筑却大多千篇一律。来到一个陌生的城市，仿佛只有历史上留下来的建筑告诉你身在何处。我们应该怎样处理传统和创新的关系呢？答案仍然在文脉中。

现代建筑出现后席卷全球，是功能、技术、经济占主流的结果，同时也就意味着文化、情感的淡化。这一点引起了建筑师的警觉，他们意识到，脱离了文化的建筑，失去了历史的厚度，就像中国建筑师杨廷宝说的，是"无根之木，无源之水"[1]。在世界趋同的背景下，如何在设计中延续当地的文脉，成为每一位建筑师思考的问题。

历史蕴含着丰富的宝藏，能够帮助建筑师回答上述问题。长久以来，在建筑教育中，对于建筑史的学习占有重要的一席之地，它的终极意义不在"是什么"，而在"为什么"。前者常常导向形式上的简单模仿、复制，也就是人们称为"假古董"的设计。后者关心的是建造的逻辑、空间的内涵和文化的精神。要将它们注入新的作品，不是一件容易的事，考验着建筑师的智慧。一旦从历史中汲取了养分，新的建筑就会扎根在文脉中，并且让传统的文化绽放出新的生命力。比

---

[1] 引自《杨廷宝建筑言论选集》。

如中国建筑师王澍的作品，没有直白的形式表演，而是从空间、材料、工艺上体现传统建筑的语言，因而缓缓流露出历史的底色。对文化的高妙表达，让他获得了普利兹克奖，评委会称赞他的作品和所有伟大的建筑一样，扎根于历史背景，永不过时。

读到这里，你对建筑师是否有全新的印象了呢？

我们已经介绍了"万能"建筑师面对的种种考验。如果在这些目标和达成目标所需要的素质之间连线，会得到下面这幅图（图 3-8）。

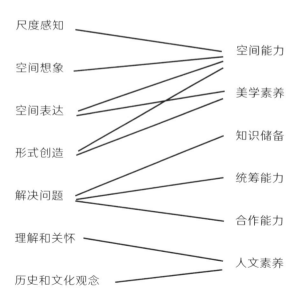

▲ 图 3-8　建筑师的技能与相应的素质

可以看到，这些能力分别属于不同的层级和维度。有些通过学习能很快获得，有些依靠长时间的训练和实践才能提升，有些则是水到渠成的经验。在建筑师的成长道路上，专业教育起着入门和形成基础的重要作用，但它只是起点。这条路仿佛修行一样，没有止境。在这条路走得更远的建筑师身上，你会发现，他们多少都有些相似点，那就是强烈的创作欲、敏锐的头脑、浓厚的好奇心、开放的视野，以及对生活的无比热爱。

　　现在我们回到这一章开头，重温建筑师所说的话，是不是体会更深了呢？接下来我们就来看看，建筑方案是怎样被设计出来的吧。

第四章

建筑设计
——创造与求解之旅

读到这里，你对于建筑和创造它的人都相当熟悉了。你一定还想知道，一个建筑设计方案是如何从建筑师手中诞生的吧？这份好奇心表明，你已经具备了建筑师的潜质之一。还等什么，下面就让我们来满足它。

建筑设计是什么

前文中我们多次提到过建筑设计，那么"设计"究竟是什么呢？

简单来说，设计是在开始做一件事之前，提前制订出方案，也就是关于如何来做的计划。建筑设计，就是一座建筑在真实世界中被建造出来之前，人们根据现实条件和需求，预先思考并安排好与它相关的方方面面，包括建筑的几何信息（位置、方向、每一部分的三维形态和尺寸），使用的材料、色彩，细节处的交接方式、工艺，室内装修及室外环境的处理，等等。

可以说，建筑设计是一种假想，一种虚拟创造，它的目标指向最终的实现。既然如此，计划就不能停留在脑海中，而是需要表达和呈现出来。回忆一下前文对建筑师及其工作的介绍，自然就明白原因何在了。

其一，设计者可能不止一人，同伴之间需要相互交流，彼此理解。

其二，相比其他人，业主最关心建筑的一砖一瓦。要对成品心中有数，业主就得事先知晓设计者的意图，并提出自己的意见。

其三，设计做好后，由建造方开工建设，将方案变为现实。这一步自然不能凭空出现，方案就是建造的根据。

因此，在设计构思和建筑实体之间，还需要一个表达和呈现方案的中间媒介。那么，设计者用什么样的媒介来达成上面所说的目的呢？这是我们后文将要谈论的第一个话题。

不知你是否见过画家作画的过程，起先是一张白纸，随着内容的添加和修改，画面逐渐清晰，最终成形。设计一座建筑与此相似。最初，在设计者的头脑中，只有一个朦胧的想法，一种模糊的意识，一个大致的方向。这些驱动他拟定出一个粗略的形象（图4-1），就好像画家起笔时勾勒的几根

▲ 图 4-1　弗兰克·盖里设计毕尔巴鄂古根海姆博物馆时绘制的草图，可与图 2-6 对比

线条。随后，这个构思出来的形象得到进一步发展——它成为下一步创作的依据，又随同新产生的内容一起，为再下一步的发展打下基础。经过很多步骤，一个成熟、完善的建筑方案才得以成形。那么，其中每一步要做什么，能够解决什么问题，得到什么成果呢？这是我们将要展开的第二个话题。

好玩的建筑设计 "图"

　　建造房屋不是一蹴而就的单人任务，而是一项需要众人合作的任务。因此，从古到今，不管设计者和建造者是否有明确的分工，想要完成这项任务，人们就需要交流房屋设计的信息。我们可以想象一下，一开始，人们大概是用口头交流的方式，可能再加上拿树枝在地上比画出一些形状。当建造水平提高，建筑逐渐发展，信息增加以后，语言的描述就显得十分无力了。况且，语言对于三维形体的反映并不直接，人们需要一种更适合传递视觉信息的中间媒介。于是，二维建筑图像应运而生。

　　作为设计和建造的中间媒介，二维图像的实质作用如同"翻译"。设计时，脑中设想的三维形体转化为二维图像；建造时，二维图像再次转化为三维建筑实体（图4-2）。因此，二维图像的本质是对三维形体的转化。借助这种转化，设计者不仅可以展示自己的想法，还可以将它及时锁定，随时进行调整和修改。

人脑中的三维形态 ⟷ 二维图像 ⟷ 实际建造的三维实体

▲ 图 4-2 作为设计和建造中介的二维图像

通过三维到二维的转化，建筑图像具备了两类实用的功能：一是表达三维信息，二是表现建筑形象。这两类图像可以简单归结为设计图和表现图，它们都是对空间关系的表达。

那么，二维建筑图具体是什么样的，又是怎样发挥作用的呢？

古代的建筑图

查阅历史文献我们可以知道，古代中国很早就产生了设计图的概念。在河北省平山县出土的一块铜板上，人们用金银镶嵌工艺制作了一幅图样，这就是战国时期中山国君主的陵墓设计图（图 4-3）。在图中能看到，一个"凸"字形的土台上，设有五座享堂 ❶，中间三座体量比较大，两侧的两座较小。土台的外边有两道围墙，围墙上开设有门。在里面围墙的后方，还有四座宫室。这幅铜版图是目前发现的世界上最

❶ 古代用来祭祀和守孝的祭堂。

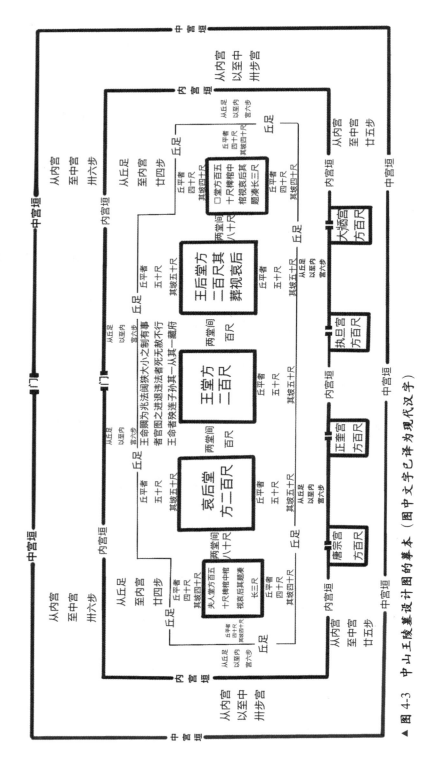

▲ 图 4-3　中山王陵设计图的摹本（图中文字已译为现代汉字）

124

早的建筑平面图，它证明了早在两千多年以前，建筑工程就有专门的设计环节并且使用了设计图。不仅如此，图中还说明了建筑的具体尺寸。经过与考古遗迹的实际比对分析发现，这幅图是按照实际尺寸的五百分之一绘制的，也就是说，早在那时，人们就按比例制作建筑图纸了。

古时候，建筑风格的流传除了依靠工匠之外，建筑图纸也发挥了重要的作用。根据史书记载，北魏时，有一名宫廷大匠蒋少游被派遣出使南齐。他借机在南齐观察当地的建筑，并绘制了建筑图，将南齐的建筑式样带回北魏。北魏迁都后，为了重建新都，他测量了魏晋宫殿的遗址，绘制成图。在充分学习中原建筑之后，他设计了洛阳新城。后来到了东魏迁都时，他又将北魏洛阳的宫殿画成图样，作为新宫的参考。

宋代时，对于皇家建筑这样级别的工程来说，建筑图已经成为必不可少的设计手段。宫廷里还专门设置了管理工程营建和其他工种的机构"将作监"。你一定很想看看当时的建筑设计图吧？可惜它们都没有留存下来。不过幸运的是，我们可以通过北宋将作监的技术官员李诫所编写的一部建筑规范《营造法式》来了解当时的建筑图纸水平。图 4-4 便是这本书中的一幅插图，它展现了一座宋代建筑的内在结构：几根竖直的柱子落于地面，承载着水平的梁，梁的长度从下往上依次缩短，于是形成了漂亮的人字形屋顶。这幅图叫作

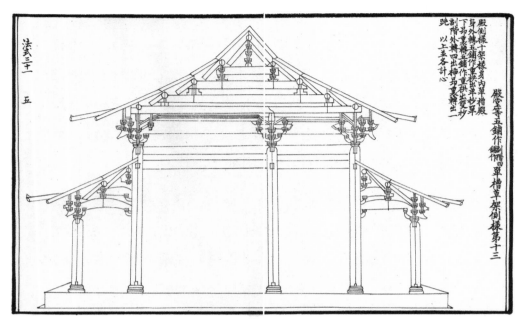

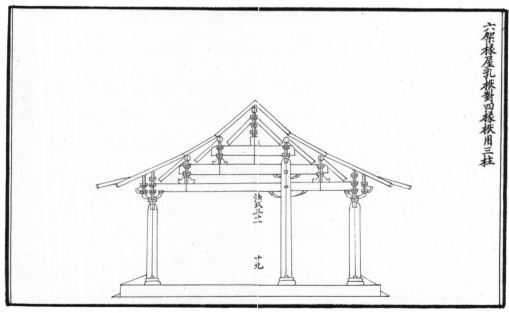

▲ 图 4-4 《营造法式》中的插图

"侧样"，图上非常清晰地绘制出建筑各个部分的构件和它们之间的关系，真切地反映了结构方式和构建逻辑。我们试想，像这样一座复杂的建筑，如果没有提前在图面上完成设计，确定构件的几何尺寸和空间位置，施工的过程将增加多少差错和麻烦？

聪明的你可能已经发现了，前面那幅陵墓设计图与图 4-4 中的侧样图虽然都是对建筑的直接反映，但两者完全不是一回事。观看前者时，感觉人在空中，俯视地面，后者则位于建筑的一侧，目光水平。这两幅图所表现的内容也完全不同。前者类似于我们平时常见的地图、户型图，它反映物体在水平方向的位置、尺寸和空间关系，适合表现平面布局。后者则表达了物体在竖直方向的信息，适合表现内部结构。它们能够解决不同的问题。如果两者互相补充，就可以更好地呈现物体的完整形态。

没错，对于建筑这种复杂的三维形体，古人已经懂得采用减少一个维度的方式来形成二维图像，达到了语言和文字无法替代的功能。世界上的其他地区也都出现过建筑的图像，比如在工程技术实力雄厚的古罗马，建筑制图也相对发达。不过，直到投影理论飞速发展和成熟后，建筑图才逐渐成为一种科学的工具。

投影理论

那么，什么是投影呢？顾名思义，投影就是让物体在投影面上产生影子，从而使三维形体转变为二维图像，比如阳光照在树上，在地面投下树的影子，或者灯光下交叉双手拇指，张开其余四指，墙壁上出现"老鹰"的影子。

投影有以下几个要素：投影中心、投影面、物体和投影线。在刚才的例子中，太阳、灯就是投影中心，地面和墙面是投影面，树和手是被投影的物体，光线是投影线。

投影又分为中心投影和平行投影。中心投影的投影中心是一个固定的点，由这一点放射出的投影线通过物体上的点，再与投影面相交，交点就是投影（图 4-5a）。平行投影的投影中心距离投影面无穷远，因此从那里发出的投影线相互平行（图 4-5b）。我们可以简单地理解为，灯光投射的影子是中心投影，投影线彼此不平行；阳光下的则是平行投影。

正投影

当平行投影的投影线垂直于投影面时，就出现了正投影（图 4-5c）。前面提到的战国的陵墓设计图和北宋的侧样图，都是在正投影的观念下形成的建筑图像。

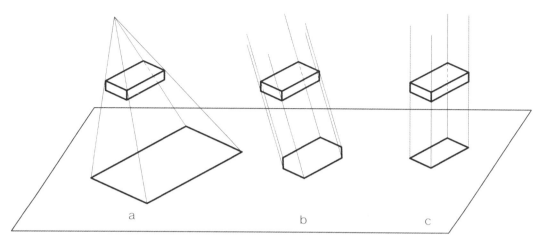

▲ 图 4-5　中心投影、平行投影、正投影

　　如果我们对一幅二维图像进行正投影，可能有 3 种情况：图像与投影面平行、图像与投影面垂直、图像与投影面倾斜（图 4-6）。从图上能够直观地看出，平行时，得到一个与原来图像完全一样的投影；垂直时，投影积聚为一条直线段；倾斜时，投影比原来的图像小，但它们的形状相似。由于正投影的这些特性，我们如果选择一个平行的平面作为投影面，就能得到平面的正确几何信息，相当于直接复刻。这个投影也会是唯一固定的。

　　那么问题来了，对于一个三维物体，通过一个正投影图是否能够确定它的空间形态呢？看看图 4-7 你就会明白，答案是不一定的，一个投影图只能反映物体一个方位的形状。
如果要用投影来确定物体的空间形状，该怎么办呢？

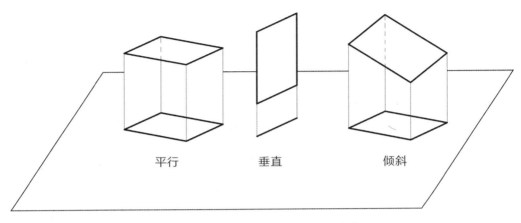

平行　　　　　　　垂直　　　　　　　倾斜

▲ 图 4-6　二维图像正投影的三种情况

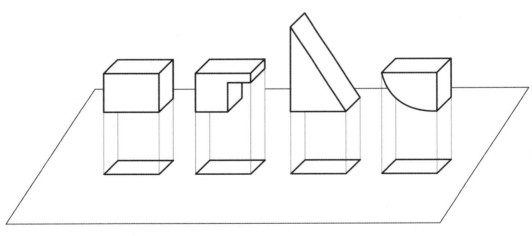

▲ 图 4-7　一些情况下，不同的形状能够得到相同的正投影图

我们身处三维空间。大家都知道，通过一个点的三维坐标，就能确定它在空间中的位置。具体的做法是，以三个相互垂直的平面作为投影面，它们相交形成三条相互垂直的坐标轴 X、Y、Z。将空间中的一点分别向这三个投影面进行正投影，得到的投影点到坐标轴的距离就是坐标值 x、y、z（图4-8）。

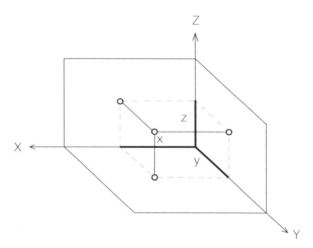

▲ 图 4-8　点的正投影和三维坐标

与此相似，当我们把这个点换成一个三维的形体，比如有一定厚度的倒着的英文字母 F，使它的各个面与其中一个投影面平行，也会得到三个正投影（图4-9），它们从不同方向反映了形体的面貌，这样就基本上能完整地表达形体的空间形状了。由于这三个投影相当于从不同角度来观察物体，

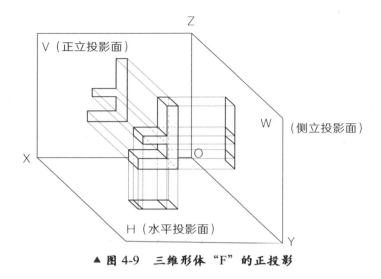

Z

V（正立投影面）

W （侧立投影面）

X

O

H（水平投影面）

Y

▲ 图 4-9　三维形体"F"的正投影

因而也被称为"三视图"——分别是主视图、俯视图和左视图。主视图固定不动，俯视图和左视图绕着与主视图相交的 X 和 Z 轴旋转 90 度，将它俩铺展开，使三个视图位于一个平面中，这时我们会很容易看到，三个视图分别显示了物体的上下、左右、前后这三个方位的情形，也就是我们在生活中描述物体尺寸时常说的"长宽高"（图 4-10）。我们还发现，长、宽、高这三个尺寸都有两个尺寸在每个视图中有所反映，因此三个视图存在着尺度上的对等关系。也因此，三视图形成了一个在尺度上相互对应、相互检验的自洽体系。

　　我们以往常见的建筑空间大多是横平竖直的，即地面水平、墙壁竖直，很适合用三面正投影图来表达它的几何特征。加上正投影图的特点在于能够准确表达物体的形状和大小，

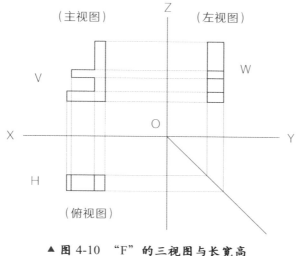

▲ 图 4-10 "F"的三视图与长宽高

所以自从画法几何 ❶ 诞生以后，三面正投影法就被普遍应用在建筑设计中。

剖视图

不过，你可能想到了，这些投影图都是从物体之外看向物体，对于建筑这样内部结构复杂的空间形体，怎么能看透呢？不用担心，我们还有一个"撒手锏"——剖视图。说起来，剖视图也是正投影图，但从名字就能知道，它是先剖

---

❶ 画法几何是一门应用投影法来研究如何用平面图形表达空间问题的学科。法国学者蒙日于 1799 年发表的《画法几何》中，采用多面正投影图表达空间形体，他也因此被视为这门学科的创始人。

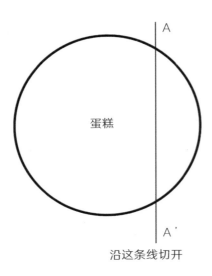

蛋糕

A

A'

沿这条线切开

切开后朝左看

a

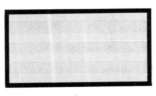

切开后朝右看

b

▲ 图 4-11　蛋糕剖视图

后看，比三视图多了一个"剖"的前提。剖视图的作用就在于看到物体的内部情况。

打个比方，生日蛋糕只有在切开后，才能看到奶油覆盖下的多层结构。现在让我们来画一幅蛋糕的剖视图（图 4-11）。首先，我们需要确定从哪个位置切蛋糕，假设我们沿着 AA'竖直切开。接着，我们要决定朝哪边看。注意，看的方向必须垂直于切割面。假如我们朝左看，就拿开 AA'这条线右边的蛋糕，得到图 a。朝右看，就取掉左边的蛋糕，得到图 b。图中的加粗线表示被切到的实体的轮廓，细线则表示没有被切到但可以看到的轮廓。

图纸三件套

掌握了剖视图的技能，从理论上说，我们就可以像切蛋糕那样，把一座建筑在任意的位置以任意的角度切开，从而得到无数个剖视图。人们通过长期的制图实践发现，信息表达最为高效的建筑图三件套是平面图、立面图、剖面图。平面图和剖面图本质上都是剖视图。我们想象用一个水平面去剖切建筑，去掉上面的部分，再从上往下看，就会得到建筑的平面图。剖面图与平面图相似，也是用假想的平面去剖切建筑，只不过这个平面是垂直方向的，就像刚才切蛋糕那样。立面图是在建筑之外向建筑做正投影得到的图纸。平面图、立面图和剖面图各司其职。平面图反映建筑在水平向的形式、尺寸和功能布局，建筑的每一层都有相应的平面图。立面图反映建筑的外观和高度，建筑通常有 4 个侧面，也就有 4 个立面图。剖面图反映建筑的内部结构和垂直向的空间层次。

这三类图纸也存在着三视图那样的对等关系，尤其是平面图和剖面图，能够相互对照和补充，完整地表达建筑的各部分信息，因此满足了工程建造的各方面需求。很长时间以来，建筑设计图纸就包括这三样图纸，以及轴测图和透视图。我们以法国建筑师柯布西耶的作品萨伏伊别墅为例，图 4-12 就是它的平面图、立面图、剖面图、轴测图以及实物照片。

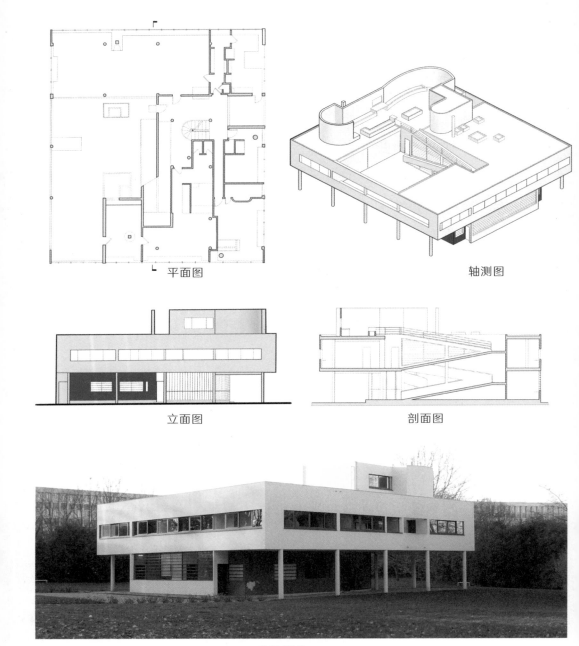

平面图   轴测图

立面图   剖面图

实物照片

▲ 图4-12　勒·柯布西耶设计的萨伏伊别墅，位于法国普瓦西，上面4幅图分别是它的平面图、轴测图、立面图和剖面图

轴测和透视

轴测图是怎么画出来的，跟投影有什么关系呢？

前面说过，在平行投影中，当投影线垂直于投影面时，形成正投影。垂直的投影线能够形成反映物体真实形状和尺寸的正投影，同时也带来了"牺牲"——缺少第三个维度的信息，不够立体也不够直观，需要我们"脑补"成三维形体。这在前面的三视图中就能明显感受到。如果我们想用平行投影的方式，在一个投影面上表达物体三个方向的形状，就要用轴测图。

在图 4-9 正投影的基础上，我们转动物体，使它不管哪一个表面都不与投影面平行；或者改变投影线的角度，让它们倾斜于投影面，而非垂直；又或者转动物体和改变投影线的角度兼而有之。这时，我们会得到一个富于立体感的图像，它就是轴测图（图 4-13）。轴测图虽然在真实反映尺寸方面不如正投影图，但是它优越的三维表现力能够帮助人们理解正投影图。

轴测图是立体图形，但我们总觉得它有种不真实感，因为它和人眼中的图像不同。我们都知道，在人的眼中，距离越近的物体越大，距离越远的物体越小，也就是所谓的"近大远小"。最简单的例子就是两条平行线在远处会聚为一

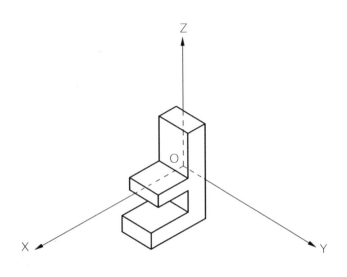

▲ 图 4-13 "F" 的轴测图

点——比如一条道路（图 4-14）。轴测图显然不符合这一规律。一直以来，如何让二维图像具有真实的视觉效果，从而表现人眼中看到的世界，是绘画者的重要课题，而透视画法最终解决了这一问题。透视画法很早就出现了，到了文艺复兴时期，人们开始对透视理论进行研究和论述，它逐渐成为重要的绘画技法。

现在，让我们再次回到投影理论。之前介绍过，投影分为平行投影（阳光）和中心投影（灯光），正投影图和轴测图都是平行投影的产物，透视图则是用中心投影得到的图像。其中，投影中心是人眼，投影线是人的视线，投影面是人面前竖立着的画面（图 4-15）。

▲ 图 4-14　17世纪荷兰画家霍贝玛的作品《林荫道》

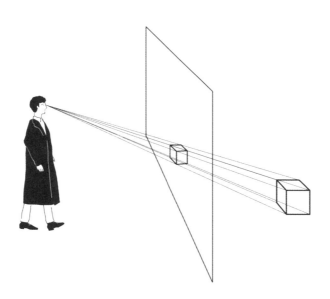

▲ 图 4-15　透视的原理

透视图中存在一个独特的点，叫作"灭点"，它就是那个线条尽头的会聚点，或者说远方的消失点。按灭点的数量，透视分为一点透视、两点透视和三点透视。

以建筑来说明，我们将建筑简化为一个长方体，当它的一个侧面平行于画面时，画出的透视图只有一个灭点，便是一点透视（图4-16a）。当它的侧面都与画面成一定角度而竖直线与画面平行时，透视图有两个灭点，即两点透视（图4-16b）。当所有面都与画面成一定角度时，就有三个灭点，这样画出来的是三点透视（图4-16c）。

透视图和轴测图都能让建筑以立体的样貌跃然纸上。由于透视图的原理等同于人眼的观看，更能产生逼真的效果，因此，在建筑设计中习惯用透视画法来绘制建筑效果图，让观看者有身临其境的感受。

好了，我们现在有平面图、立面图和剖面图来精确地表达几何信息，有轴测图来帮助解读空间，有透视图来展现实际效果。建筑师将这几种手段联合起来使用，建筑设计的构思得以被"翻译"、被保存、被深入和完善，设计的成果得以被表达、被了解、被建造和实现。这些建立在几何学之上的绘图法是工程界通用的图学语言，它们为建筑设计的客观性和科学性提供了重要的技术支持，并且解决了人们对于建筑的视觉交流的需求。

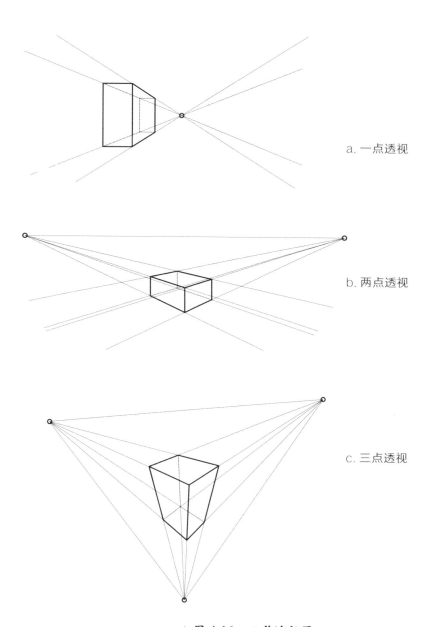

a. 一点透视

b. 两点透视

c. 三点透视

▲ 图4-16　三种透视图

利用计算机的建筑设计

在过去很长时间里，人们对建筑师的印象就是总趴在一张硕大的绘图板上，用笔和尺专注地画着每一道线条。正确的图纸代表着顺利、安全的建造，不容许出现错误。因此，画图时需要特别细心，出现一处错误就可能要重新绘制整张图纸。

不过，数字技术的发展打破了这个场景，建筑设计的媒介从图纸变成了数字媒介，计算机绘图技术的问世让建筑师彻底地丢掉了图板。他们打开绘图软件，使用键盘和鼠标，在命令框输入指令和数据，就能得到清晰、准确的图形。这些图形以数字形式存储在计算机中，当设计完成后，可以通过绘图仪或打印机输出，变为图纸。

相比于手绘图纸，计算机制图更精确，也更高效。计算机屏幕的大小是固定的，但是利用软件中的缩放工具，建筑师可以将视图不断放大或缩小，而不像手绘图那样受到纸张大小的限制，因此能更精确地控制细节。绘图软件具有强大的图形绘制和编辑功能，可以绘制点、直线、圆弧、圆、矩形、多边形、椭圆等图形，并让图形做出移动、旋转、拉伸、复制、延长、修剪、缩放、镜像等改变。此外，对数字图形的修改十分轻松，还能保存设计过程中不同的历史版本。由于计算机制图的灵活和高效，它迅速代替了传统手绘，成为建筑设计的主要工具。你可能没有用过它，但只要联想一下在纸上写字和用文字处理软件输入和编辑文档，就可以知道传统手绘和计算机绘图的区别了。

计算机还可以建立三维模型，从此打破了二维图示的局限性。同时，借助曲面和曲线的功能，建筑师意识到可以创造手工绘图所不可能实现的流线形态。形式创作真正实现了天马行空和随心所欲。

除了用计算机来绘图、建造模型，人们还把它用在建筑的设计过程中，进行计算性设计，从而得到了比人工设计更多的可能性和更优化的设计结果。计算性设计的本质是在软件工具中，将设计思维转化为计算机执行的命令，由计算机运算后输出设计方案。建筑师可以编写程序来解决具体的设计问题，可以制定规则让计算机生成方案，也可以调整变量来控制方案。

最后这种调整变量的方式也叫作参数化设计。它是什么意思呢？前面曾经说过，建筑设计受到很多方面因素的影响，它们不同程度地左右着设计的方向。在参数化设计中，我们将建筑看作一个系统，这些影响因素都可以作为其中一个变量（或者说参数），它们在计算机中集成为一个相互关联的算法系统。当输入不同的变量数据，计算机就会将数据信息转化成图像，生成不同的设计结果。建筑师只需要改变其中的变量，就可以控制和调整设计方案。

对于无序、复杂的形式和空间，计算机能够轻松地作出调整，快速生成设计结果。这种强大的造型能力一改过去建筑千篇一律的直线形几何外观，建筑设计在形式创作方面获得了前所未有的灵活和自由（图4-17）。如果你见到一座形式富有流动感的奇特建筑，它就极有可能是计算性设计的产物。

计算性设计带来了许多过去难以想象的形式，它们不再像规则形体的建筑那样有着分明的梁、柱子、楼板等，通过节点搭接起来，而是摆脱了传统空间界定方式的约束。比如，北京大兴国际机场的支撑结构，像盛开的喇叭花一样向上延展，与屋顶融为一体

▶ 图 4-17 利用了参数化技术来辅助设计的北京凤凰中心

（图 4-18）。新的形式改变了结构逻辑，也带来了新的建造技术，而计算机能够超越传统经验，应付复杂的结构受力分析，生成并优化结构形式。除了形态和结构，建筑这一系统中的其他元素也可以被计算和优化，比如材料、空间功能、能耗、建造技术等。建筑师可以借助计算性设计，从丰富的成果中探索方案的多种可能性。

▲ 图 4-18 北京大兴机场航站楼的室内空间

从创意到实现，建筑的"步步惊心"

在了解建筑设计的媒介之后，我们来讨论第二个话题：一座建筑是怎样一步步设计出来的。

设计前的准备

在开始设计之前，建筑师需要做好充分的准备工作，它包括以下几个部分。

研究设计任务书

首先当然是取得建筑设计任务书。任务书会说明这个项目的基本情况和对设计的基本要求，一般情况下包括建筑用地和周边的情况，建筑中不同功能所需要的面积，对设计在技术方面和经济方面的要求，对设计时间和设计成果的要求，等等。任务书还会附带建筑用地的地形图、红线图 ❶、勘察报告等材料。任务书相当于一份设计大纲，能让建筑师从一无所知的状态快速变得心里有数。

搜集资料

我们已经知道，设计一座建筑会受到各方面因素的影响和制约。那么，设计师首先就要详细地了解和观察有哪些现实的因素。这就需要在设计之前尽可能全面地搜集资料，主要有以下内容：

项目所在地方的背景（包括历史、气候、地理、人文等方面的情况）；

当地的经济发展、人口统计、收入情况、土地使用情况等信息；

当地的城市规划要求；

场地的位置及与周边的关系；

地面的情况（平整、起伏或倾斜的程度如何）；

周围的自然环境、交通情况、配套设施、市政条件（包括用水、用电、燃气等）；

---

❶ 红线图是由城市规划管理部门确定的，图中用红线表示土地利用的范围。

与项目有关的各类设计规范和标准（比如设计一座幼儿园，需要《托儿所、幼儿园建筑设计规范》以及防火规范、节能设计标准、无障碍设计规范等一系列相关的文件）；

同类型项目的情况和经验；

其他需要特别留意的因素。

去现场

建筑都存在于特定的环境中，那里是它的"栖身之处"，因而也是建筑设计最重要的基本因素。每一处建筑所在的场所都是独一无二的。只有亲临现场观察和体验，面对真实而生动的环境，才能获得对于场所的深刻理解，形成各种关联性的思维，这对于接下来的设计至关重要。美国建筑师西萨·佩里（César Pelli）曾说过，评论一座建筑不应该孤立地看它的外表，还要看周围的环境是否因为它的加入而变得更好。优秀的设计能让建筑和环境相互协调，成为一首协奏曲。

那么，建筑师去现场做什么呢？场所包含的内容很复杂，首先是气候，日照、风、温度、湿度、雨水等条件都会对设计产生影响。实地感受会促使思考设计时该利用还是回避这些条件：是否需要遮阳设施或是隔热手段，如何利用阳光来加强光影，在室内用什么样的色彩和肌理，如何避开冷风，选择什么表皮材料来提高保温或通风效率……然后是场地本身的状况：地形什么样；上面的植被如何；地质状况什么样；场地是否存在斜坡、陡坡或缓坡；能否利用地形的斜度设计出具有高差的错落空间……接下来需要在周围走走，观察这里的情况：拥挤还是空旷；植物多吗；周围的建筑高大还是低矮，它们是什么样的，使用什么材料建造的；周边的交通情况，车行和人行的路线是怎样的；如何在场地内组织停车；附近有没有公共空间；如何处理场地的入口与那里的关系；听到噪声了吗，它是从哪里传出来的，以及设计时需要与噪声源保持距离或者用其他方法隔声吗……

有了亲临现场的经历，就会得到对于环境的全面感受，相关联的问题纷纷出现在头脑中，一个模糊的感觉逐渐产生——什么性格的建筑适合这里，能够更好地与环境发生对话。这时，距离设计就更近了一步。

人际交流

还记得前文曾说过，建筑师不应遗忘的初心吗？那就是：建筑是为人而建造的。正是有了人的使用需求，才产生了设计和建造的必要性。因此，在设计之前要用心地了解他人的想法，建筑师与业主或使用者见面、交谈是不可缺少的环节。一方面，建筑师可以倾听他们对建筑的看法；另一方面，可以了解他们的生活方式和具体需求。这些都能在后面有效地指导设计。

每一位业主对将要建造的建筑都有一个美好的愿景，它也许是模糊的，但其中一些想法已经反映了某些价值上的判断。比如，更在乎建筑在哪一方面的素质，哪些方面的问题应当优先考虑，在空间和形式的情感、氛围上有什么样的倾向，等等。

业主还需要告诉建筑师，他们在建筑中的活动方式和使用空间的具体细节。比如，建筑的空间需要实现哪些功能，哪些功能使用得最多、哪些很少使用，使用者有什么特征，他们日常工作和生活的详细情况如何，有什么样的习惯，有没有什么特别的需要，等等。尤其是一些涉及专业性功能的建筑，更加需要细致地掌握空间使用的细节，各项活动的流程，运行的流线，专业设施的使用情况，等等。

业主对场地的环境往往十分熟悉，他们会提供更多有用的信息。有需要的话，还可以走访周围工作和生活的人，比如便利店的员工。与熟悉这片区域的人聊天，能够快速了解环境对人们的生活产生了什么影响。

沟通和交流并不是单向的。对于业主来说，他们也会了解到建筑师的工作方式和专业的建议。在这个过程中，双方寻找一致的努力方向，相互的了解和信任会推动设计的良性发展。

初步的分析

前期的研究和资料收集，我们称之为调研。随着调研的深入，建筑师渐渐明确了设计要解决哪些问题。这些问题涉及方方面面，五花八门。此时，建筑师的头脑中有许多线索在撞击，为了让它们变得条理清晰，有必要进行一番整理。首先，将获取的信息（包括计划、要求、条件、数据、资料等）分门别类，然后采用图解方式进行分析。

图解分析的形式多种多样。它们的共同点在于，用图形来组织各个设计元素，利用图示逻辑的优势来显示元素之间的内在关联。简洁而有效的分析图能使问题的本质一目了然，从而帮助建筑师梳理设计的思路和方向，还会引发一些新的想法。

设计中的许多问题可以用图解的方式分析，比如景观分析、气候分析、区位分析、交通分析、功能分析等。

如果设计方是一个团队，在充分收集信息后，他们就会经常聚在一起讨论，有时甚至争论。讨论和图解一样，会让许多活跃的思维呈现出来，并且进一步帮助设计思路变得清晰。

概念性设计

设计从哪里起步，这一点往往很难断定。通常，在针对各种条件和因素作出分析、判断之后，其中的一点或几点就会形成一股初始的推动力量，催生出设计的思路——可能是现实中面临的关键性问题，可能是环境激发出的某种空间意向，可能是对于具体制约条件的回应，可能是使用者的需求带来的启发，也可能是几种不同角度的想法相互交织。

带着这些想法，建筑师勾勒出一些图形，将设计构思转为视觉化的形象。这些草图是概括性的、模糊的、大致的、抽象的，只需要帮助建筑师反映当下的设计想法，因而没有确切的尺寸，缺少对于细节的表达。它可能很潦草，修改起来却很方便。除了草图，建筑师也会制作一些简单的体块模型来体察三维的空间关系。这类模型和草图一样，是对设计构思的总体上的展现，无须花费太多力气让它变得精细和具体，因而也被称为"草模"。

草图和草模不仅呈现了设计构思，而且将影响设计的问题和要素形象化地显示出来。因此，它们不仅是表达手段，也是研究工具。在推敲草图和草模的过程中，建筑师的思路随之流动、变化，在不同的可能性之间辗转、比较，逐渐找到一条清晰的路径。此时，设计初步成形。

设计的雏形是从无到有的突破，是建筑师智慧和想象力的结晶。这一步确定了设计的方向，其余的事情就是在此基础上继续深入，把构思转化为方案——一套详细的、完善的、能够指导实际建造的计划。两者之间仍然有大量的工作需要完成。

方案设计

有了明确的设计思路，下一步就需要让它从模糊、概括、抽象的状态变得清晰、详细、具体，成为一个真正的方案，并且用能够精确反映几何信息的二维或三维形式记录下来，形成设计成果。

在前面我们提到，建筑设计受到不同方面条件和因素的限制，建筑师需要解决各种问题，平衡各方矛盾。面对这样复杂的情形，是不是感觉有点儿像"老虎吃天，无处下口"呢？这时，建筑师会根据具体的情况，找到适合的抓手。比如，有人使用网格的模式来规划空间，有人以活动流线的组织为切入点，有人从主体空间入手再向其他部位延展，有人基于结构形式来安排功能，有人从材料和构造出发……如此看来，设计方法是因人而异和因时而异的，并没有什么标准或套路。在这个阶段，建筑师仍然有充分探索的空间。不过，与概念性设计时相比，对直觉的需要变少了，这是为什么呢？

相比之前，方案设计最大的变化在于"有数"了。建筑作为三维的实体／空间，它的每一部分都具有实际的尺寸，也就是一些数值。这些数值与建筑的很多方面直接相关，可以说，方案设计中的大量工作体现在数值的赋予和调整上面，建筑师通过对数值的把握来寻找一个各方面相对平衡的状态。

这话怎么说呢？还记得建筑的三要素"坚固、实用、美观"吗？它们都与几何数值有关系。美观，与形式有关，也就与尺寸有关。比例、光影、视觉效果都受到几何属性的影响。实用，也就是建筑的功能，取决于具体的空间尺寸。空间的安排、布局、调整，本质上也是各种不同的尺寸关系。还有坚固，它体现为结构形式安全地满足力的作用。结构设计需要与功能和美观结合，尺寸也是影响结构设计的重要因素。正因为建筑的方方面面都涉及尺寸数值，在方案产生，也便是建筑成形时，表面看起来只是建筑形式的尘埃落定，实际上，在这个过程当中已经上演了各种问题的协调和解决，它们最终都内化在具体的数值里面。

现在你明白了吗？方案设计的探索伴随着量化，而量化意味着确定并固定下来，随之而来的是细节的浮现。当各个局部的细节产生后，具体的尺寸和数值碰撞在一起，引发了新的问题和矛盾。有些问题仅在局部作出改变就能够皆大欢喜，一些棘手的问题却会牵一发而动全身，将范围扩大，像"按下葫芦起了瓢"那样，造成连锁反应。这时，建筑师需要权衡哪些因素更加重要，是必须保全的，哪些是次要的，可以作出让步和一定程度牺牲的，然后据此调整，找到新的平衡。有时，在做出各种改变的尝试后，发现最终都会走进死胡同。这就像某些游戏中那样，需要退回上一步或两步、三步，直到撤至更加开阔的位置再重新出发。

说到这里，你可能还不是很明白，那么我们来举一个例子吧。

一个设计实例

下面，让我们做一项简单的方案设计来实际看看前期分析和方案设计的过程。

假设我们要在某个南方城市的城墙遗址旁边设计一座小型的城市文化博物馆，图 4-19 是这个项目的场地平面图。经过前期调研我们了解到，这段残存的城墙是明朝建立的，已经成为历史文化遗产，它的长度大约有 100 米，位于场地的北部。在场地的西侧和南侧是城市干道，北侧是一条支路，这三条道路通车，东侧有一条人行道路。另外，在南侧道路

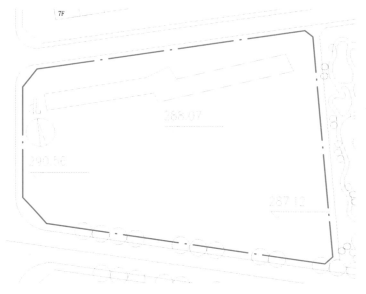

▲ 图 4-19 场地平面图

上设有地铁站。场地的形状大致呈四边形，上边长 127 米，下边长 136 米。从图上给出的地面标高来看，地块具有一定的高差，呈现出西高东低的地势。场地北侧是住宅，南侧是商业建筑，东侧是城市绿地。

接下来，让我们对场地的主要因素进行分析。见图 4-20，首先是周边的城市交通情况。我们用带箭头的直线标示出交通的路线和方向，以线的宽度代表交通流量的大小。再来看看周围人群活动情况——哪里的人最多，人们喜欢聚集在哪里。根据现场调研的数据，我们发现南侧的商业建筑和东侧的小公园都能吸引人群，再加上地铁站提供的便捷交通，形成了一个相对人多的热闹区域。相比之下，北侧道路与住宅小区聚集的人相对少一些，且道路狭窄不利于车行。然后看景观情况。这个场地的景观还是挺丰富的，北边的明代城墙是文化景观，东边的城市绿地是自然景观。

了解这些情况后，我们就该想一想，场地如何布局，从哪里开口让人和车进入场地，建筑放在什么位置。我们知道，建筑的四周有 4 条道路，其中东侧是人行道，不通车，因此不做考虑。在其余 3 条道路中，我们选择在南侧道路上靠东侧引入场地的开口。为什么呢？其一，西侧道路比南侧道路

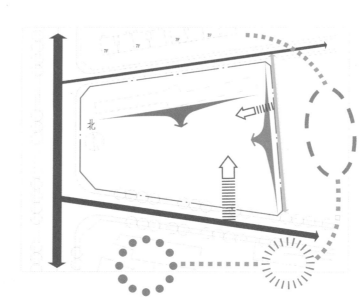

树木
文化景观
自然景观
车行道路
人行道路
景观节点
交通节点
空间节点
周边流线
场地主要入口
场地次要入口

北

▲ 图 4-20　分析图

宽，不如南侧道路适合开口。其二，可以预见，博物馆建好之后，从南侧和东侧来参观的人会更多，在南侧道路开口符合我们的分析。其三，开口需要尽量远离西侧道路交叉点，靠东又能够离地铁站更近，方便参观的人群。接下来，再选择次要出入口的位置就不难了——很明显，只有东侧道路适合作为次要出入口。出入口确定后，整个场地的布局就会比较清晰。

我们再来对建筑的功能进行梳理，它需要包含的功能和面积（大约）如下：

常设展厅 1000m^2 临时展厅 250m^2

多媒体展厅 100m^2 多功能厅 200m^2

库房 450m^2 文创商店 80m^2

书店 200m^2 青少年培训教室 145m^2

休息厅 120m^2 办公室 60m^2

会议室 30m^2 值班室 12m^2

票务室、问询处、寄存处 20m^2 安保室 10m^2

讲解员室 15m^2 接待室 20m^2

咖啡室 60m^2 消防控制室 20m^2

设备用房 25m^2 机房 33m^2

其他 1150m² 　　　　　　合计约 4000m²

这些功能虽然看上去眼花缭乱，一旦归纳和分类之后就会清晰明了。例如，三类展厅可以归入展览空间，文创商店和书店可以归为商业空间，办公和会议都算作行政功能，等等。归类后，我们得到了图 4-21，功能之间构成了组团，其中黄色是公共空间，蓝色是非公共空间。在这个基础上，我

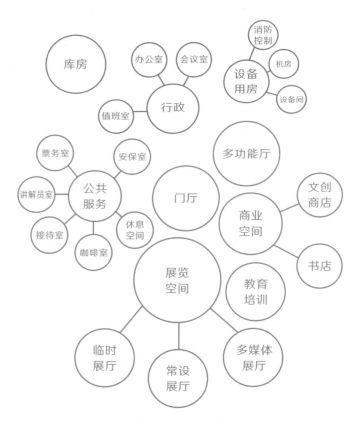

▲ 图 4-21　功能分类

们进一步分析它们之间的关系。有些功能之间需要直接和紧密的联系（比如票务室一般都在入口处，这样比较符合参观的流程），有些功能之间则不需要，将它们隔开很远也没有太大关系（比如展厅和设备间）。让我们将所有功能依照关系远近来排布，再用黑色线条表示人的活动路线，其中实线为公众的活动轨迹，虚线为工作人员的活动轨迹（图4-22）。

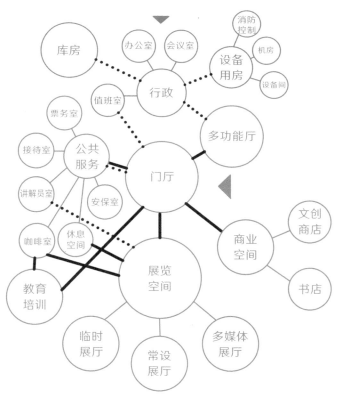

▲ 图4-22　功能分析

现在我们对这块场地和周围的环境、其他相关情况都有了充分的了解，对建筑将要承担的功能也有了清晰的认识，我们不禁对这座新的建筑产生了一些想法：建在历史遗迹的旁边，我们不希望它太过张扬，破坏了氛围；由于场地北侧和东侧的景观，我们希望建筑朝向这两个方向相对地开敞；场地自身有高差，西高东低正好顺应了地势；场地从西到东逐渐变宽，如果建筑随此走势，将会放大向东开敞的空间效果，也能高效地利用场地。

综合以上想法，我们开始用勾画草图的方式探索构思。在线条浮动的过程中发现，如果强化南侧外墙的直线条感，可以在形式上与北边的城墙产生良好的呼应（图4-23），这是我们基于前期研究而产生的对于这座建筑的初步构想。

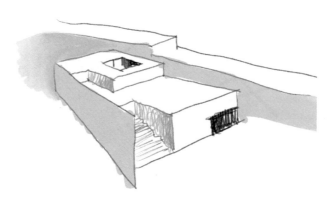

▲ 图4-23 构思草图

下一步是方案设计。以前面的功能分析、场地分析、构思为基础，我们开始实际和具体的设计。

首先来想一想，建筑大致需要几层呢？根据建筑面积和场地面积的关系，两三层比较合适。按照构思和地势，西边三层、东边两层，可以满足西高东低的设想。

再来看看，建筑的功能当中，哪些是必须或更适合放在一层的呢？

仔细数数还不少：入口就不用说了，多功能厅由于同时容纳的人数多，通常设置在一层；商业空间放在一层，方便购物，也可以吸引更多的人；库房设在一层，方便物品的运送；消防控制室也需要直通室外的安全出口❶；还有工作人员专用的出入口，他们的出入需要与公众分离（图4-24）。

明确了这些之后，一层的功能也就基本确定了。这样一来，正好将功能分析图的右半部分分割出来（图4-25）。根据前面对主要入口和次要入口的初步判断，那么我们可以把公共空间和入口布置在南侧，工作区和专用出入口布置在北侧，在适当的位置安排交通功能（楼梯、电梯）。

---

❶ 根据《建筑设计防火规范》的要求，消防控制室宜设在建筑物内的底层或地下一层，设置直通室外的安全出口。

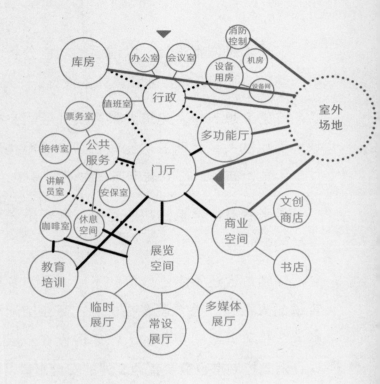

▲ 图 4-24、图 4-25、图 4-26 设计思路的推演

　　除去一层空间的功能，剩下的左半部分是比较纯粹的公共空间（图 4-26），包括展览、教育和服务，它们将占据建筑的二层和三层。这些空间用什么方式来组织呢？既然是城市文化博物馆，自然希望建筑空间具有一些地域性的特征，我们或许可以向当地的传统建筑"取经"。

　　经过前期调研，我们了解到这里的传统民居常用内部庭院来进行功能布局，同时加强通风和采光。我们尝试将这种

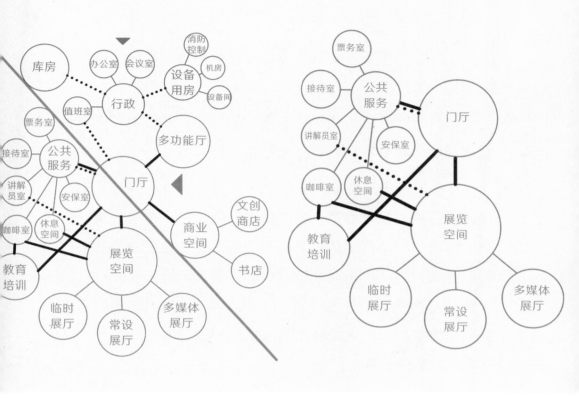

空间模式引入建筑的设计，在二层和三层建造一个围廊式的庭院，它将在以下几个方面发挥作用：

体现当地的文化特点；

围绕庭院来组织几块不同功能的公共区域，使建筑内部四通八达，功能之间产生交通联系；

形成便于休闲和交往的空间，方便人群的集散；

空间变化丰富，庭院开阔的视野和明快的氛围与展厅的封闭性产生对比；

北侧走廊的另一侧不再连接功能空间，在走廊可以直接观赏城墙，增加内外空间的渗透和层次感。

二、三层的展览空间是博物馆的核心空间，因此我们必须为展览的参观者提供直接的流线。我们在二层也设置一个公共出入口，与一层的位置相同，用一排宽敞的室外踏步连接到地面。这样一来对展览入口加以强调，突出了重点；二来踏步在视觉上具有强烈的导向感，人们被它自然地吸引而进入室内空间；三来踏步西高东低的形式符合设计构思，强化了建筑的性格特征。

有了可操作的设计思路，还需要进一步量化，对各部分的尺度做细致的打磨。这一步是具体而微的工作，相当费时费力。经过反反复复的调整，我们就有了成形的方案（图4-27a、b、c），所有的功能各得其所——既满足使用、流线合理，又经得住各种规范、要求的考验。在设计方案的同时，我们还可以用计算机建造一个简单的数字模型（图4-28），模拟、推敲实际的效果。

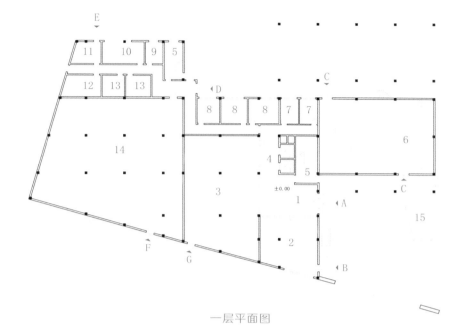

一层平面图

▲ 图 4-27a　方案设计平面图

二层平面图

▲ 图 4-27b　方案设计平面图

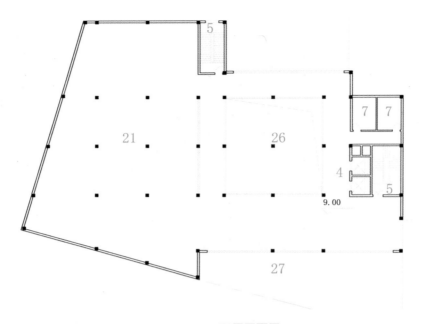

三层平面图

▲ 图 4-27c　方案设计平面图

1. 门厅	15. 室外踏步	A. 一层公共出入口
2. 文创商店	16. 票务、问询、客存	B. 文创商店出入口
3. 书店	17. 安保室	C. 多功能厅出入口
4 电梯厅	18. 讲解员室	D. 工作人员出入口
5. 楼梯间	19. 接待室	E. 消防控制室出入口
6. 多功能厅	20. 青少年培训教室	F. 库房出入口
7. 洗手间	21. 常设展厅	G. 书店出入口
8. 办公室	22. 下沉庭院	H. 二层公共出入口
9. 值班室	23. 临时展厅	
10. 会议室	24. 多媒体展厅	
11. 消防控制室	25. 咖啡室	
12. 设备用房	26. 庭院上空	
13. 风机房	27. 二层屋面	
14. 库房		

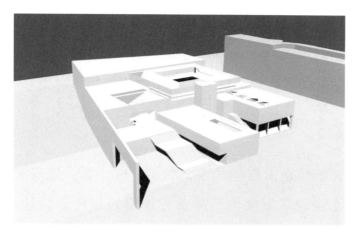

▲ 图 4-28　方案设计模型

深化设计

通过这个例子，相信你会了解方案设计是怎么一回事。方案的出炉是不是意味着万事大吉了呢？答案是否定的。我们以服装设计来类比。服装设计师也常用绘画的方式来表达心中构思的服装造型，但漂亮的图稿毕竟不是真实的服装，从设计图到成衣，还面临着不少实际的问题。比如，用什么面料、辅料，它们的质地、性能怎样，挺括耐磨还是轻薄柔滑，用什么方式把布料拼接起来，用什么缝纫工艺和针法，装拉链还是钉纽扣，等等。只有解决了这些问题，才能实际地生产。

对建筑设计来说，情况显然是相似的，并且面对的问题更多、更复杂。方案设计基本上可以看作一个纲要，在它的基础上，必须进行更深入的设计来解决实际的问题，这样才能达到可以动工建造的程度。深化设计大体有以下几个方面。

一、结构设计

建筑结构是由结构构件，如梁、柱、板、墙等构成的体系，它能让建筑安全地承受各种作用力并传递给地面基础。还记得吗，我们在前面曾经将它比喻为人体的骨架。建筑结构有许多类型，各有特性和优缺点。不同的建筑空间适合不同的结构形式。合理的结构设计能确保建筑的坚固和稳定，关系到建筑使用者的安危，是设计当中非常重要的环节。

具体来说，结构设计需要综合考虑建筑的形式、高度和功能划分，以及抗震防灾的要求和场地的地质情况，为建筑选择合理的结构形式（在建筑中确定结构构件的位置和排布方式），并通过对建筑物可能承受的各种荷载的分析计算，评估结构对荷载的抵抗能力，来确定构件的截面尺寸。此外，还要根据建筑结构和地质情况来确定建筑地下基础的形式和材料。

二、材料与构造设计

构造是指建筑各个部分的具体做法和组合方式。构造设计就是合理地选择材料、做法和连接方式来实现建筑的功能。不同部位的功能和环境条件不同，构造设计要解决的问题也不同。这些问题包括防水防潮、隔声、保温隔热等。比如，墙体不只是一面墙身那么简单，墙脚有防潮层，接近地面的部分有勒脚，门窗洞口的上方有过梁❶，外墙面要增加保温构造。

除了设计各部分的做法，还要考虑如何让它们牢靠地固定在一起。不同构造层次的连接方式包括物理的连接（如卡扣连接、咬合连接、用钉子连接、用螺栓连接等）和化学的连接（如用胶黏剂、焊接等），它们有各自适用的条件。选择合理的连接方式能让建筑的各部分形成稳固的整体。

实际的建造不是纸上谈兵，而是需要实实在在的物质来实现的，这种物质就是建筑材料。不同材料的性能差异很大，包括耐久性、强度、防火性、防水性、保温隔热性能、环保性、装饰性等，它们对于建筑的品质和功能有直接的影响。设计时，需要根据结构、构造和使用需要来合理地选择材料，这也是保证建筑质量、性能的关键所在。

---

❶ 门窗洞口上的横梁，能够将洞口上部传来的荷载传递给两侧墙体。

三、设备设计

人在建筑里工作和生活，离不开各类日常必需的资源——空气、水、电，以及适宜的温度和湿度、便捷的通信网络和安全方面的保障。这些都是由建筑设备来提供的。

通风系统通过通风设备、通风管道和风口，排出室内污浊的空气，从室外输入新鲜的空气；

采暖和空气调节系统通过为室内供给冷气或热量的方式调节室内温度，创造宜人的环境；

给水系统将水从室外水源配送到建筑内部，提供清洁、安全的生活、生产和消防用水；

排水系统将建筑内使用过的水及雨水收集起来，排放到室外的雨（污）水管道系统；

强电系统为建筑内的各种用电设备提供和分配电能；

弱电系统为建筑提供信息的传输和处理，包括有线电视系统、火灾自动报警系统、设备自动化系统等；

燃气系统为建筑提供安全、稳定、便捷的燃料供应。

这些系统都需要相应的设备、管道和设施来保障正常的运行。以通风系统为例，需要包括进风口、排风口、送风管道、风机、过滤器、控制系统及其他附属设备在内的一整套装置。各个系统的管道及设施需要占据建筑的内部空间，设计时需要综合考虑建筑的结构、空间布局，人的使用需求，系统的日常维护、更新升级及安全和经济等各类因素，将它们布置在恰当的位置，合理地安排管道、线路的位置和走向，使它们不会影响建筑的使用，还能高效地利用能源和资源，在建筑内部营造舒适的环境。

四、成本控制

建造一座建筑要花多少钱呢？这是一个非常现实的问题。预先做好评估和计算，才能对未来将要产生的费用心里有底，有效控制成本，避免浪费。工程的方方面面都会产生费用：勘察和设计、购买建筑材料、聘用施工人员和监理人员、使用机械（比如吊车、挖掘机、装载机、钢筋切割机、混凝土搅拌车等），还有管理、办公、审计等开支。进行测算时，以设计文件作为最直接的依据，还会参照材料、设备的价格，以及相关的定额❶，等等。测算发生在设计的不同阶段，随着设计的修改作出相应的调整，以便合理安排资金，为最终的顺利施工提供支持。

---

❶ 定额是指完成单位产品所消耗的资源数量，它反映的是社会生产力的普遍水平，是一种平均消耗标准。

173

五、其他专项设计

　　除了以上几个方面的深入，在目前建筑设计行业越来越细分的背景下，还有不少专业领域要做专门的深化设计，比如建筑的立面设计、场地和景观设计、室内设计、照明设计、消防设计，等等。一些建筑可能在功能上有特别的需求，就要做相应的专项设计，比如音乐厅的声学设计、大型会议厅的主席台设备和舞台机械设计。

　　显而易见的是，深化设计要解决不同专业领域的问题。虽然建筑师对其中一些领域有相应的知识基础，但俗话说"术业有专攻"，设计的顺利完成仍然要依靠与其他专业人员的合作，建筑设计自身也细分出很多不同的方向。

　　方案经过深化以后，形成的成果是接下去展开工程实践的依据，因此必须详细而具体，达到能够指导施工的深度。不只是建筑专业，还包括其他各个专业、工种的设计成果。设计图中标注着大量的信息，比如材料、设备、做法、工艺、构件的规格和型号，一些节点还需要用详图❶清晰地表示出来，此外还用文字来具体地说明各项指标、施工要求、对材料的要求。

---

❶　将图纸的局部用更大的比例进行放大，好让细节能清楚地呈现，这样的图样就是详图。

不过，即便设计做得很周密，成果表达很详尽，施工仍然不是设计的终点——现实中的变数不可预料，施工时遇到的各种问题需要设计者协同解决，对设计继续加以改进和变更，直到建筑竣工的那一刻。

现在我们回头来看整个设计过程。为了表述上的层次清楚，我们把各方面拆解开来分别做了叙述，但在实际设计中，它们并不是彼此分割的，也没有明确的次序，而是集成为一个体系。建筑师就是这个体系的带头人。还记得我们曾用乐团指挥来类比建筑师的工作吗？与指挥相似的地方在于，建筑师也需要对整体做综合性的考量，协调不同专业人员（声部）的关系，让大家达到一定程度的平衡并巧妙地融为一体（交响化），最终实现为最优化的方案（音响效果）。由于这种统筹的特点，工程设计行业里常称建筑设计为"龙头"专业。

结语

  我们在本书的开篇曾提到，建筑作为名词，是指人类进行各种活动的房屋或场所，也就是人类的栖居之处。这样说来，建造和栖居仿佛一个是手段，一个是目的。德国哲学家海德格尔却不这样想，他认为建造和栖居是一个整体，"建造"本身就是一种"栖居"，它不应只属于专业人士，而是我们每个人的生活方式。这该如何理解呢？海德格尔举了一个例子：你在家里的餐桌上与家人共餐，这可以看作"栖居"，周末天气晴好，请客人来聚餐，把餐桌搬到院子里，铺上新桌布，摆上一束花，搬动和布置餐桌可以看作"建造"。显然，没有"建造"便没有"栖居"，没有"栖居"也就没有"建造"，它们是不可分割的整体。

  这带给我们很大的启发。并非每个人都会选择做一名建筑师，但我们都和周围世界——我们的栖居之所保持着长达一生的关系。我们如何"栖居"，不只取决于建筑师的工作，也取决于我们日常的"建造"。而在这方面，建筑师无疑是专家。因此，我们不妨学习用建筑师的视角和思维看待我们和世界的关系——像建筑师那样带着好奇心四处游历，用自己的眼睛观察世界；对空间和尺度保持敏感，从细节入手创造日常生活的体验，行使空间的自主权；用终身学习的心态面对不断变化的世界，接纳新鲜的知识和事物；做一个良好的合作者，在纷杂的处境中用智慧寻找平衡；把困难看成调整和改变的机会，不轻易放弃希望。

而这，也许就是建筑的意义吧，就像丘吉尔（Winston Churchill）❶告诉我们的那样："我们塑造了建筑，同时建筑也塑造了我们。"

---

❶ 英国政治家，历史学家。

附录

图片来源 ❶

图 1-2　全景网提供

图 1-5　李珂珂拍摄并提供

图 1-6　张真源拍摄并提供

图 1-7　李久林拍摄并提供

图 2-4　全景网提供

图 2-5　根据 Paul Andreas und Ingeborg Flagge. Oscar Niemeyer: A Legend of Modernism[M]. Birkhäuser. Basel, 2013：p103 图片改绘，原图为 Michel Moch 拍摄

图 2-6　李珂珂拍摄并提供

图 2-9　蒲晓音拍摄并提供

图 2-10　全景网提供

图 2-12　阿布拍摄并提供

---

❶　本书中所用图片除以上列出的和著作权进入公共领域的之外，其他均为作者自摄和自绘。

图 2-15　全景网提供

图 2-19　李珂珂拍摄并提供

图 2-20　张祎娴拍摄并提供

图 3-1　根据（法）勒·柯布西耶.张春彦，邵雪梅，译.模度 [M].北京：中国建筑工业出版社，2011：图 2-25 改绘。

图 3-2　引自中国建筑学会总主编.建筑设计资料集·第 1 分册：建筑总论 [M].北京：中国建筑工业出版社，2017：p15.

图 3-3　勒·柯布西耶绘。引自（美）雅各·布里哈特，著.（法）勒·柯布西耶，绘.王志磊，译.牛燕芳，校.从让纳雷到柯布西耶：一位建筑师的绘画旅行 [M].长沙：湖南科学技术出版社，2020：图 147.原图出自《勒·柯布西耶东方之旅：速写本》，第三册，第 123 页。

图 3-4、3-5、3-7　李珂珂拍摄并提供

图 4-1　引自大师系列丛书编辑部编著.大师草图 [M].北京：中国电力出版社，2005：p181.

图 4-3　根据杨鸿勋.战国中山王陵及兆域图研究 [J].考古学报，1980（01）：125《铜版兆域图摹本》一图重绘

图 4-4　引自李诫编修.故宫博物院编.《营造法式》[M].北京：紫禁城出版社，2009.

图 4-12　立面图根据（法）雅克·斯布里利欧，编著.迟春华，译.萨伏伊别墅 [M].北京：中国建筑工业出版社，2007：p131 图片改绘，原图来自巴黎勒·柯布西耶基金会档案馆。平面图、立面图、轴测图根据（美）The Now Institute，编著.张涵，樊敏，译.建筑 100：1900—2000[M].北京：中国建筑工业出版社，2019：p12、13 图片改绘。照片为张祎娴拍摄并提供

图 4-17　颜锦发拍摄并提供

图 4-18　全景网提供